国网新源控股有限公司抽水蓄能电站工程通用设计丛书

工艺设计分册

主编 林铭山
颁布 国网新源控股有限公司

中国水利水电出版社
www.waterpub.com.cn
·北京·

内 容 提 要

本书为"国网新源控股有限公司抽水蓄能电站工程通用设计丛书"之一《工艺设计分册》，本分册系统地提出了抽水蓄能电站通用工艺设计的管理理念，统一了各电站工艺设计原则，对抽水蓄能电站的沟道及盖板、预埋管、预埋件、止水铜片、接地、电缆桥架及电缆敷设、小口径管路、支吊架、盘柜接线工艺设计进行了细致的规定和统一。根据工艺设计成果在实际工程中的应用情况进行了补充、完善，最终形成了一整套抽水蓄能电站通用工艺设计方案。

图书参考资料下载地址：http://www.waterpub.com.cn/softdown

图书在版编目（CIP）数据

工艺设计分册 / 林铭山主编. -- 北京 ：中国水利水电出版社，2016.10
（国网新源控股有限公司抽水蓄能电站工程通用设计丛书）
ISBN 978-7-5170-4863-3

Ⅰ．①工… Ⅱ．①林… Ⅲ．①抽水蓄能水电站—水利工程—工艺设计 Ⅳ．①TV743

中国版本图书馆CIP数据核字（2016）第261817号

总责任编辑：陈东明
责 任 编 辑：李亮　周媛
文 字 编 辑：王雨辰　刘佳宜

书　　　名	国网新源控股有限公司抽水蓄能电站工程通用设计丛书 **工艺设计分册** GONGYI SHEJI FENCE
作　　　者	主编　林铭山
出 版 发 行	中国水利水电出版社 （北京市海淀区玉渊潭南路1号D座　100038） 网址：www.waterpub.com.cn E - mail：sales@waterpub.com.cn 电话：（010）68367658（营销中心）
经　　　售	北京科水图书销售中心（零售） 电话：（010）88383994、63202643、68545874 全国各地新华书店和相关出版物销售网点
排　　　版	中国水利水电出版社微机排版中心
印　　　刷	北京博图彩色印刷有限公司
规　　　格	285mm×210mm　横16开　12.75印张　410千字　3插页
版　　　次	2016年10月第1版　2016年10月第1次印刷
定　　　价	**460.00**元

凡购买我社图书，如有缺页、倒页、脱页的，本社营销中心负责调换

"国网新源控股有限公司抽水蓄能电站工程通用设计丛书"编委会

主　　编：林铭山

副主编：张振有　黄悦照

委　　员：王洪玉　朱安平　佟德利　张亚武　张全胜　郝荣国　胡万飞　邓学平　吕明治　郑齐峰　傅新芬　徐立佳
　　　　　冯仕能　张战午

《工艺设计分册》编写人员

审核人员：王洪玉　朱安平　张全胜　佟德利　胡万飞　郑齐峰　冯仕能　周　杰　陆　炅　邱绍平　李　骅　沙　滨　严　丽
　　　　　赵　政　陈丽芬　黄慧民

校核人员：李成军　王红涛　杨经卿　和　扁　汪静文　吴森华　赵惠敏　郑　波　王樱峻　徐　涵　王东锋　姚敏杰　朱安龙

编写人员：韩小鸣　魏春雷　卢兆辉　蒉军强　潘福营　王小军　郝　峰　胡清娟　黄彦庆　渠守尚　王　凯　茹松楠　马萧萧
　　　　　杨经卿　汪德楼　卢求真　刘文辉　陈建锋　舒峻峰　吕　伟　吴兆丰　吴森华　郑征凡　潘涵斌　施慧杰　董　强

序

　　抽水蓄能电站运行灵活、反应快速，是电力系统中具有调峰、填谷、调频、调相、备用和黑启动等多种功能的特殊电源，是目前最具经济性的大规模储能设施。随着我国经济社会的发展，电力系统规模不断扩大，用电负荷和峰谷差持续加大，电力用户对供电质量要求不断提高，随机性、间歇性新能源大规模开发，对抽水蓄能电站发展提出了更高要求。2014 年国家发改委下发"关于促进抽水蓄能电站健康有序发展有关问题的意见"，确定"到 2025 年，全国抽水蓄能电站总装机容量达到约 1 亿 kW，占全国电力总装机的比重达到 4% 左右"的发展目标。

　　抽水蓄能电站建设规模持续扩大，大力研究和推广抽水蓄能电站通用设计，是适应抽水蓄能电站快速发展的客观需要。国网新源控股有限公司作为世界上最大规模的抽水蓄能电站建设运营管理公司，经过多年的工程建设实践，积累了丰富的抽水蓄能电站建设管理经验。为进一步提升抽水蓄能电站标准化建设水平，深入总结工程建设管理经验，提高工程建设质量和管理效益，国网新源控股有限公司组织有关研究机构、设计单位和专家，在充分调研、精心设计、反复论证的基础上，编制完成了"国网新源控股有限公司抽水蓄能电站工程通用设计丛书"，包括开关站分册（上、下）、输水系统进/出水口分册、工艺设计分册及细部设计分册五个分册。

　　本通用设计坚持"安全可靠、技术先进、保护环境、投资合理、标准统一、运行高效"的设计原则，采用模块化设计手段，追求统一性与可靠性、先进性、经济性、适应性和灵活性的协调统一。该书凝聚了抽水蓄能行业诸多专家和广大工程技术人员的心血和智慧，是公司推行抽水蓄能电站标准化建设的又一重要成果。希望本书的出版和应用，能有力促进和提升我国抽水蓄能电站建设发展，为保障电力供应、服务经济社会发展作出积极的贡献。

2016 年 4 月

前　言

　　为贯彻落实科学发展观，服务于构建和谐社会和建设"资源节约型、环境友好型"社会，实现公司"三优两化一核心"发展战略目标，国网新源控股有限公司强化管理创新，推进技术创新，发挥规模优势，深化完善基建标准化建设工作。公司基建部会同公司有关部门，组织华东勘测设计研究院编制完成"国网新源控股有限公司抽水蓄能电站工程通用设计丛书"《工艺设计分册》。

　　"国网新源控股有限公司抽水蓄能电站工程通用设计丛书"《工艺设计分册》是国网新源控股有限公司标准化建设成果有机组成部分。本分册提出了抽水蓄能电站通用工艺设计的管理理念，统一了各电站工艺设计原则，对抽水蓄能电站的沟道及盖板、预埋管、预埋件、止水铜片、接地、电缆桥架及电缆敷设、小口径管路、支吊架、盘柜接线工艺设计进行了细致的规定和统一。根据工艺设计成果在实际工程中的应用情况进行了补充、完善，最终形成了一整套抽水蓄能电站通用工艺设计方案。

　　由于编者水平有限，不妥之处在所难免，敬请读者批评指正。

编者

2016 年 4 月

目　录

第1篇 总 论

第1章 概 述

抽水蓄能电站工程通用设计工艺设计分册是国家电网公司标准化建设成果的有机组成部分，是新源公司为适应抽水蓄能电站跨区域化发展的需求、满足电站建设质量精细化管理、迅速提升抽水蓄能电站形象面貌的新的举措。工艺设计分册的发布将进一步强化国网新源控股有限公司抽水蓄能电站工程设计管理，改进抽水蓄能电站设计理念、方法，促进技术创新，逐步推行标准化设计及典型设计，深入贯彻全寿命周期设计理念，全面提高工程设计质量。

第2章 编 制 过 程

2014年4月3日，国网新源公司在北京主持召开了抽水蓄能电站工程通用设计工艺设计启动会，中国电建集团华东勘测设计研究院有限公司承担了通用设计工艺设计分册的设计工作。

2014年4月，华东院成立了工艺设计分册项目组，并于5月完成了工艺设计分册工作大纲，10月完成了工艺设计分册初步成果。

2014年10月23—24日，国网新源公司组织专家对工艺设计分册成果进行了评审，提出了评审意见。

2015年5月13—15日，国网新源公司组织专家对工艺设计分册成果进行了第二次评审，提出了评审意见。

2015年7月，按照评审意见的要求，华东院完成工艺设计分册最终成果。

第3章 设 计 依 据

3.1 国家标准、规范

（1）《混凝土结构设计规范》（GB 50010—2010）。

（2）《建筑结构荷载规范》（GB 50009—2012）。

（3）《水工混凝土结构设计规范》（DL/T 5057—2009）。

（4）《水工建筑物荷载设计规范》（DL 5077—1997）。

（5）《地沟及盖板图集》（02J331）。

（6）《水轮发电机组安装技术规范》（GB/T 8564—2003）。

（7）《电力工程电缆设计规范》（GB 50217—2007）。

（8）《建筑电气工程施工质量验收规范》（GB 50303—2002）。

（9）《电气装置安装工程电缆线路施工及验收规范》（GB 50168—2006）。

（10）《低压流体输送用焊接钢管》（GB/T 3091—2008）。

（11）《电气装置安装工程盘、柜及二次回路接线施工及验收规范》（GB 50171—2012）。

（12）《铜及铜合金带材》（GB/T 2059—2008）。

（13）《加工铜及铜合金板带材外形尺寸及允许偏差》（GB/T 17793—2010）。

（14）《水工建筑物止水带技术规范》（DL/T 5215—2005）。

（15）《混凝土面板堆石坝接缝止水技术规范》（DL/T 5115—2008）。

（16）《水工混凝土施工规范》（DL/T 5144—2015）。

（17）《混凝土面板堆石坝设计规范》（DL/T 5016—2011）。

（18）《混凝土面板堆石坝施工规范》（DL/T 5128—2009）。

（19）《电气装置安装工程接地装置施工及验收规范》（GB 50169—2006）。

（20）《交流电气装置的接地设计规范》（GB/T 50065—2011）。

（21）《建筑物防雷设计规范》（GB 50057—2010）。

（22）《水力发电厂接地设计技术导则》（NB/T 35050—2015）。

（23）《建筑物电子信息系统防雷技术规范》（GB 50343—2012）。

（24）《钢质电缆桥架工程设计规范》（CECS 31：2006）。

（25）《铝合金电缆桥架技术规程》（CECS 106：2000）。

（26）《电气装置安装工程电缆线路施工及验收规范》（GB 50168—2006）。

（27）《工业金属管道工程施工规范》（GB 50235—2010）。

（28）《现场设备、工业管道焊接工程施工规范》（GB 50236—2011）。

（29）《水电水利基本建设工程单元工程质量等级评定标准：第4部分 水力机械辅助设备安装工程》（DL/T 5113.4—2012）。

（30）《中华人民共和国工程建设标准强制性条文电力工程部分》。

3.2 国网新源公司标准及规定

（1）《抽水蓄能电站工程工艺设计导则》。

（2）《抽水蓄能电站工程建设补充强制性条文》（试行）。

第4章 技术方案及设计条件

4.1 技术方案

本通用工艺设计方案对于抽水蓄能电站的沟道及盖板、预埋管、预埋件、止水铜片、接地、电缆桥架及电缆敷设、小口径管路、支吊架、盘柜接线工艺设计及原则进行了细致的规定和统一。技术方案成果主要包括：

序号	方案名称
1	第7章 沟道及盖板工艺设计
2	第8章 预埋管工艺设计
3	第9章 预埋件工艺设计
4	第10章 止水铜片工艺设计
5	第11章 接地工艺设计

续表

序号	方案名称
6	第12章 电缆桥架及电缆敷设工艺设计
7	第13章 小口径管路工艺设计
8	第14章 支吊架工艺设计
9	第15章 盘柜接线工艺设计

4.2 设计条件

本通用工艺设计方案以常规抽水蓄能电站的枢纽布置和机电系统划分为基础条件进行设计。

第5章 主 要 设 计 原 则

在通用工艺设计方案制定过程中，针对抽水蓄能工程各土建、机电专业的工艺设计，遵循国家电网公司通用设计的原则：安全可靠、环保节约；技术先进、标准统一；提高效率、合理造价；努力做到可靠性、统一性、适应性、经济性、先进性和灵活性的协调统一。

（1）可靠性。确保各设计方案安全可靠性，例如预埋管工艺设计中埋管支架设计、止水铜片工艺设计等，从而确保按工艺设计实施后的各系统投运后电站的安全稳定运行。

（2）统一性。建设标准统一，基建和生产运行的标准统一，电站的各土建、机电专业的工艺设计体现抽水蓄能工程要求和国家电网公司企业文化特征。

（3）适应性。综合考虑抽水蓄能工程土建、机电专业繁多，设计范围广、种类多，不同电站布置存在差异、施工单位施工工艺存在差异等特点，结合已建、在建抽水蓄能工程建设经验以及工艺设计后期整改的经验、教训，选定的典型性方案在国内抽水蓄能工程建设中具有广泛的适用性。

（4）经济性。按照全寿命周期设计理念和方法，在保证高可靠性的前提下，进行技术经济综合分析，实现工程全寿命周期内各工艺设计方案功能匹配、寿命协调、费用平衡。

（5）先进性。提高原始创新、集成创新和引进消化吸收再创新能力，坚持技术进步，推广应用新技术，代表国内外先进设计水平和技术发展趋势。建立滚动修订机制，不断完善设计成果。

（6）灵活性。通用设计方案和模块划分合理，接口灵活，增减方便，组合型式多样，可灵活应用于国内新建的抽水蓄能工程。

第6章 通用设计使用说明

本通用设计包含设计说明、适用范围、总体原则要求、具体工艺设计方案等，方案包括沟道及盖板、预埋管、预埋件、止水铜片、接地、电缆桥架及电缆敷设、小口径管路、支吊架、盘柜接线等。各设计方案为抽水蓄能电站工程土建或机电专业的典型工艺设计，或者规定了某种工艺的设计原则。具体与工程本身相关的特性或参数，例如电缆沟、排水沟、管路、桥架的布置，管路支撑的位置、间距等需要在使用时由具体的工程设计施工图确定。即本通用设计需与具体的工程设计施工图配套使用。

在具体的工程设计中，应综合考虑各方面的因数，在使用时应与现有国家、行业标准相关内容配套。各电站可以根据自身工程特性，选择最适合的方案进行应用。

第 2 篇　具体工艺设计方案

第 7 章　沟道及盖板工艺设计

设计图目录见表 11-1。

表 7-1

设 计 图 目 录

序号	图　　名	图　号
1	设计总说明	图 7-1
2	典型结构设计说明	图 7-2～图 7-6
3	进厂交通洞电缆沟排水沟工艺设计图	图 7-7～图 7-8
4	母线洞电缆沟排水沟工艺设计图	图 7-9～图 7-10
5	主变洞电缆沟排水沟工艺设计图	图 7-11～图 7-13
6	安装场共同沟工艺设计图	图 7-14
7	开关站电缆沟工艺设计图	图 7-15～图 7-16
8	500kV 出线洞电缆沟工艺设计图	图 7-17
9	地下厂房洞室其他排水沟工艺设计图	图 7-18
10	上、下水库进/出水口电缆沟排水沟工艺设计图	图 7-19～图 7-20
11	上、下水库坝顶及环库公路电缆沟工艺设计图	图 7-21～图 7-22

1. 编制依据

(1)《混凝土结构设计规范》(GB 50010—2010)。

(2)《建筑结构荷载规范》(GB 50009—2012)。

(3)《水工混凝土结构设计规范》(DL/T 5057—2009)。

(4)《水工建筑物荷载设计规范》(DL 5077—1997)。

(5)《地沟及盖板图集》(02J331)。

2. 适用范围

(1)本图册适用于抽水蓄能电站室内外电缆沟、排水沟及盖板设计。对净宽超过 1.5m 的大型沟道应进行单独设计。

(2)本图册主要表示各部位电缆沟、排水沟典型工艺设计,电缆沟、排水沟布置见相应部位的结构布置图。

(3)抽水蓄能电站室内外电缆沟、排水沟统一采用混凝土(包括钢筋混凝土)沟道。室内外电缆沟均采用预制钢筋混凝土盖板,室内电缆沟盖板表面装修与周边地面相同。室内排水沟设算子盖板,装修部位采用不锈钢材质,其他部位采用铸铁材质;室外排水沟除有交通、美观要求采用预制混凝土算子盖板外,其他均不设盖板。

(4)预制混凝土盖板标准宽度为 500mm,对于行车预制混凝土盖板等较重盖板,宽度可取为 400mm。非标准盖板尺寸需现场测量确定,盖板厚度根据跨度、荷载选用。

(5)预制混凝土盖板每隔 10 块设置一块带有开启孔的盖板,便于检修。

(6)本图册假定了每个部位电缆沟的宽度,以便于绘制电缆沟标准及异形盖板。电缆沟的尺寸应以实际所需的尺寸为准,其盖板也需根据电缆沟尺寸确定。

3. 设计要点

(1)设计荷载:行人盖板为 5kN/m²,穿越路面行车盖板为汽-20。

(2)混凝土最外层钢筋保护层厚度:电缆沟侧壁、底板为 30,混凝土盖板为 20。

(3)钢筋混凝土电缆沟结构缝最大间距为 30m,在地形突变、基础型式变化处,应设置结构缝。

(4)除特别说明外,电缆沟底板不单独设排水沟,设 2% 横坡排水。

(5)电缆沟、排水沟分为独立型、包含于混凝土底板或大体积混凝土内两种。

(6)本图册中未注明尺寸单位均为 mm。

4. 材料选用

(1)砖砌电缆沟:烧结普通砖强度等级 MU10,水泥砂浆强度等级 M7.5。盖板台口抹平水泥砂浆强度等级为 M25。

(2)素混凝土:独立排水沟混凝土强度等级 C25。

(3)钢筋混凝土:独立电缆沟混凝土强度等级 C25;预制混凝土盖板混凝土为 C25 细石混凝土。

(4)钢材:钢板及型钢选用 Q235 钢,不锈钢选用奥氏体不锈钢(12Cr18Ni9)。

(5)焊条:E43××、不锈钢专用焊条。

(6)钢材防腐:普通钢材采用热镀锌防腐。

(7)成品盖板:铸铁算子盖板选用厂家定型或定制产品。

(8)缓冲材料:橡胶带 50mm×(1~5)mm。

(9)填缝材料:结构缝内填充 1cm 厚闭孔沟沫板。

5. 施工要求

(1)沟道混凝土施工时严禁在积水中浇筑,需提前排干积水。

(2)电缆沟混凝土模板应采用定型模板,安装时采用测量仪器定位后方可固定。

(3)混凝土盖板预制前,需实地测量电缆沟尺寸,并绘制盖板排版图。

(4)盖板钢筋布置时需考虑包边型钢后进行均布。钢筋连接应满足相应施工规范要求,钢筋与包边型钢满焊连接,其他钢筋节点绑扎牢固。

(5)钢构件下料前,须绘制放样图;须采用冷切割,严禁采用电焊机、乙炔氧等热切割。

(6)边框采用 45°拼角焊接,切割截面与钢材表面不垂直度应不大于钢材厚度的 10%,且不得大于 1mm。

(7)混凝土盖板包边型钢在专用模具中加工,以确保盖板外尺寸的统一;型钢折边处满焊连接,焊缝在盖板内;外露焊缝需打磨平整。

(8)盖板包边边框制作完成后应在工厂整体进行热镀锌处理。

(9)盖板混凝土宜采用振动台振动成型工艺,在初凝前进行不少于 3 次收光,收光后表面无模痕。外露混凝土面应达到《抽水蓄能电站工程清水混凝土技术导则》中普通清水混凝土外观质量标准。

(10)混凝土养护宜采用蒸汽养护。

(11)预制混凝土盖板,预制完成后须注明正反面,运输时严禁反向搁置。

(12)非装修部位预制混凝土盖板顶面标识、饰面材料等根据买方要求定制。

(13)电缆沟、排水沟沟道及盖板制作平整度要求:相邻盖板之间、与地面齐平盖板起伏差不超过 1mm,盖板四边侧面起伏差不超过 1mm。

(14)橡胶带作为台口局部找平及盖板缓冲材料,须根据实际浇筑的台口平整度情况选用不同厚度的橡胶带铺垫,并现场切割调整,确保盖板顶面齐平;橡胶带可用粘贴或用不锈钢钉固定在台口上。

图 7-1 设计总说明

1. 电缆沟

（1）室外电缆沟。

1）电缆沟为现浇钢筋混凝土结构。

台口：台口均为平顶式，壁厚15cm（或20cm），台口顶面高出周边地面10cm；有交通要求时，台口低于周边地面，盖板顶面与周边地面齐平；台口不设角钢包边。

电缆桥架：不设预埋件，采用膨胀螺栓固定，接地明敷。

有排水要求的电缆沟底部需预留足够的排水空间。

2）盖板采用钢筋混凝土预制盖板。盖板四周镀锌角钢（槽钢）包边，表面根据业主需要设标识或装饰。

盖板厚度：仅供行人的盖板厚5cm、6.3cm，行车盖板厚7.5cm、10cm、14cm。

盖板尺寸：标准段宽度为50cm/块，长度根据电缆沟宽度确定；台口高出周边地面时，盖板两侧各超出台口外边侧2.5cm；有交通需求时盖板顶面与周边地面齐平。

穿越道路：穿越交通使用频率较低的道路时，考虑检修便利，采用预制混凝土盖板；其余穿越道路时均采用埋管，必要时道路两侧设检查井。

盖板起吊：每隔10块盖板设一个带有开启孔的盖板。

3）各部位电缆沟型式。

台口凸出地面：场内道路边电缆沟、开关站场地电缆沟、其他场地内及建筑物间连接电缆沟。

台口低于地面：坝顶电缆沟、进出水口平台局部有交通要求段电缆沟、开关站及其他穿越场内道路电缆沟。

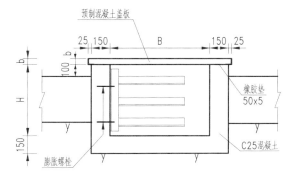

室外行人电缆沟—凸出地面布置
1:20

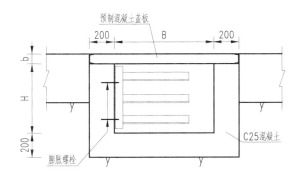

室外行车电缆沟—台口低于地面
1:20

图 7-2　典型结构设计说明 1

(2) 室内电缆沟。

1) 电缆沟为现浇钢筋混凝土、砖砌体结构。

台口：分嵌入式台口和平台口，平台口仅用于进厂交通洞、500kV出线洞及交通洞等附属洞室内电缆沟，其他洞室内板电缆沟均为嵌入式台口（盖板顶面与周边地面平）；混凝土及砖砌体壁厚为15cm（或20cm）；嵌入式台口在有装修部位设不锈钢角钢包边，平台口不包边。

电缆桥架：不设预埋件，采用膨胀螺栓固定，接地明敷。

洞室内电缆沟一般兼有排水功能。

2) 盖板采用预制混凝土盖板，厚度根据电缆沟跨度、荷载确定。

盖板厚度：仅供行人的盖板厚5cm、6.3cm；行车盖板厚7.5cm、10cm、14cm。

盖板尺寸：标准段宽度为50cm/块；长度根据电缆沟宽度确定；为统一盖板尺寸，嵌入式台口的台口宽度保留一定调整余地，宽度为5~10cm，盖板长度为电缆沟净宽加10~20cm；平台口盖板与台口外侧齐平。

穿越道路：穿越交通使用频率较低道路时，考虑检修便利，采用预制混凝土盖板；其余穿越道路时均采用埋管，必要时道路两侧设检查井。

盖板起吊：每隔10块盖板设一个带有起吊口的盖板。

表面装饰：有装修部位的电缆沟盖板采用不锈钢角钢包边，表面装修与周边地面相同，如地面装修为铺地砖，则电缆沟盖板表面的地砖应与周边地面整体拼缝铺贴；无装修部位的电缆沟盖板做法同室外电缆沟。

3) 各部位电缆沟型式。

嵌入式台口：地下厂房主洞室及母线洞、上下库进出水口启闭机房、配电房、开关站继保楼、柴油机房等室内底板内电缆沟。

平台口：进厂交通洞、主变进风洞、出线洞及中低压电缆洞、通风兼安全洞、排风连接洞等附属洞室内独立电缆沟。

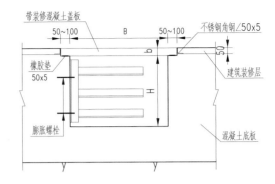

室内混凝土底板内电缆沟结构图
1:20

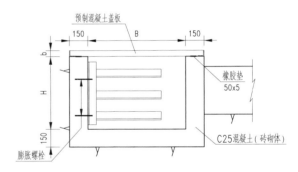

室内电独立混凝土电缆沟结构图
1:20

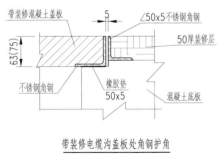

带装修电缆沟盖板处角钢护角
1:5

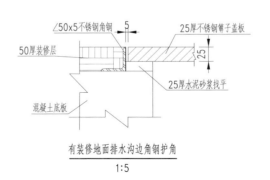

有装修地面排水沟边角钢护角
1:5

图 7-3　典型结构设计说明 2

2．排水沟

（1）室外排水沟。

　　1）排水沟为现浇混凝土结构，场地边排水沟宽30～60cm，开关站等大面积场地周边排水沟宽度不应小于50cm；局部有交通、外观要求的排水沟设预制混凝土箅子盖板，其他排水沟不设盖板。

　　　　台口：为平台口，不设包边；盖板顶部与周边地面同高。

　　2）盖板采用预制混凝土箅子盖板，设计荷载5kN/m²。排水沟穿越道路时，优先考虑布置窨井排水，当不具备条件时，在路面上设置排水沟，并设承载型盖板，按汽-20考虑，盖板与同跨度的电缆沟盖板相同。

　　3）各部位排水沟型式。

　　　　无盖板：厂内道路、坝顶、场地边坡坡脚、其他场地周边及内部排水沟等。

　　　　预制混凝土箅子盖板：进厂交通洞、通风兼安全洞口场地周边、永久设备库路边排水沟、其他有交通或外观要求的场地内部排水沟等。

（2）室内排水沟。

　　1）一般洞室底板排水沟。

　　a．无盖板排水沟。沟宽30cm，无盖板，不做台口，以洞室混凝土底板为界，沟底找平。

　　b．设盖板排水沟。沟宽30cm，设不锈钢箅子盖板或铸铁箅子盖板。

　　　　台口：现浇混凝土平台口，有装层的部位设不锈钢角钢包边；盖板顶与周边地面同高。

　　　　盖板：有装修部位设不锈钢箅子盖板，其他部位设铸铁箅子盖板。

　　　　设计荷载：进厂交通洞、主变进风洞、尾闸运输洞、等预防行车考虑，其余仅考虑行人。

　　c、各部位排水沟型式。排水沟－无盖板：施工支洞、排水廊道（含厂房及引水隧洞排水廊道）、通风兼安全洞、排风支洞、排风连接洞、排风竖井上下平洞、尾闸交通洞、500kV出线洞及交通洞。

　　　　排水沟－铸铁箅子盖板：进厂交通洞、主变进风洞、尾闸运输洞、通风兼安全洞等附属洞室。

　　　　排水沟－不锈钢箅子盖板：主变运输洞、交通电缆洞、母线洞、厂内透平油罐室等地面有装修的洞室。

　　2）地下厂房主洞室排水沟。

　　a．岩壁侧排水沟。沟宽20～30cm，无盖板。

　　b．地面主排水沟。沟宽20cm，设不锈钢箅子盖板；嵌入式台口，不锈钢角钢包边，盖板顶部与周边地面同高。

　　c．楼面排水沟。宽10cm，设不锈钢箅子盖板；嵌入式台口，不锈钢角钢包边，盖板顶部与周边地面同高。

d．设备基础周边排水沟。宽5cm，设倒扣U型不锈钢板作为盖板。

e．各部位排水沟型式。

　　岩壁侧排水沟：主厂房、主副厂房、主变洞各层楼板靠岩壁侧排水沟。

　　地面主排水沟：主厂房蜗壳层、主副厂房底层、主变洞底板、尾闸洞底板防潮墙以内排水沟，地面建筑室内排水沟。

　　楼面排水沟：蜗壳外包混凝土周边、尾水管进入廊道、机墩进入廊道排水沟。

　　设备基础周边排水沟：主厂房蜗壳层及水轮机层各水泵基础、主副厂房空压机基础、主变洞消防水泵基础等周边排水沟。

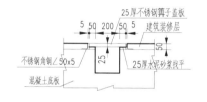

地面主排水沟 —— 不锈钢箅子盖板
1:20

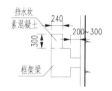

岩壁侧排水沟 —— 无盖板
1:20

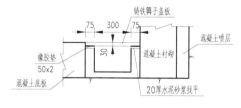

室内一般洞室排水沟 —— 铸铁箅子盖板
1:20

地排水沟 —— 设备基础
1:10

图7-4　典型结构设计说明3

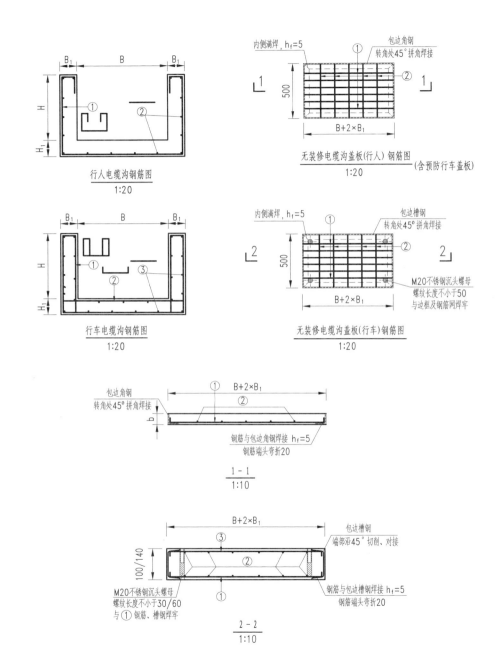

行人电缆沟钢筋图
1:20

无装修电缆沟盖板(行人)钢筋图
1:20 (含预防行车盖板)

行车电缆沟钢筋图
1:20

无装修电缆沟盖板(行车)钢筋图
1:20

1-1
1:10

2-2
1:10

行人电缆沟结构配筋表（设计荷载：5kN/m²）

净跨B	净高H	壁厚B₁	底板厚H₁	①	②
400<B≤800	400~800	150	150	φ8@150	φ6.5@200
800<B≤1200	600~1000	150	150	φ10@150	φ8@200
1200<B≤1500	800~1500	150	150	φ12@150	φ8@200

行车电缆沟结构配筋表（设计荷载：汽-20）

净跨B	净高H	壁厚B₁	底板厚H₁	①	②	③
400<B≤800	400~800	200	200	φ10@150	φ10@150	φ8@200
800<B≤1200	600~1000	200	200	φ12@150	φ12@150	φ8@200
1200<B≤1500	800~1500	200	200	φ14@150	φ14@150	φ10@200

行人电缆沟盖板结构配筋表（设计荷载：5kN/m²）

净跨B	板厚	①	②	包边材料		备注
				有装修	无装修	
400<B≤800	50	5φ8	φ6.5@150	∠63×5	∠50×5	底层配筋
800<B≤1200	50	5φ10	φ6.5@150	∠63×5	∠50×5	底层配筋
1200<B≤1500	63	5φ12	φ8@150	∠75×6	∠63×5	底层配筋

注：板厚不含装修层，无装修盖板的钢材采用热镀锌防腐；有装修盖板的钢材采用不锈钢材料。

行车电缆沟盖板结构配筋表（设计荷载：汽-20）

净跨B	板厚	①	②	③	包边材料	备注
400<B≤1200	75	5φ12	φ8@150	5φ12	∠75×6	路边沟，预防行车考虑
400<B≤800	100	5φ12	φ8@100	5φ12	□100	
800<B≤1200	100	5φ14	φ10@100	5φ14	□140b	
1200<B≤1500	140	5φ16	φ12@100	5φ16	□140b	

注：钢材热镀锌防腐，预防行车盖板用于路边与道路齐平的电缆沟处，仅考虑过小车，重型车辆经过时需采取防护措施。

说明：
1. 异形盖板参数与标准盖板相同，仅尺寸不同。
2. 行车盖板开启采用预埋沉头螺母的方式，行人盖板开启孔见图7-6.

图7-5　典型结构设计说明4

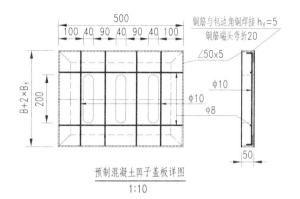

钢筋与包边角钢焊接 $h_f=5$
钢筋端头弯折20
∠50x5
φ10
φ10
φ8
50

预制混凝土箅子盖板详图
1:10

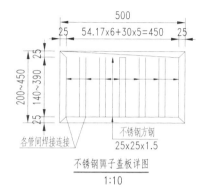

不锈钢方钢
25x25x1.5
各管间焊接连接

不锈钢箅子盖板详图
1:10

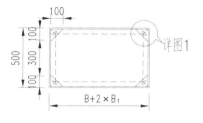

详图1

带开启孔电缆沟盖板(行人)结构图
1:20

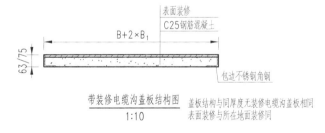

表面装修
C25钢筋混凝土
包边不锈钢角钢

带装修电缆沟盖板结构图
1:10

盖板结构与同厚度无装修电缆沟盖板相同
表面装修与所在地面装修同

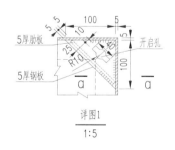

5厚肋板
5厚钢板
5厚钢板
开启孔

详图1
1:5

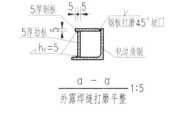

5厚钢板
5厚肋板
$h_f=5$
钢板打磨45°坡口
包边角钢

a - a   1:5
外露焊缝打磨平整

图 7-6 典型结构设计说明 5

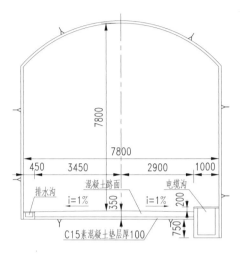

进厂交通洞电缆沟排水沟典型布置图
1:100

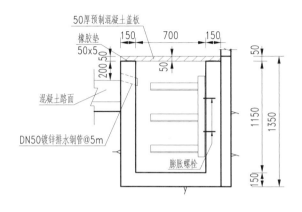

电缆沟结构布置典型图
1:25

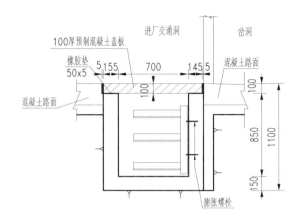

电缆沟结构布置典型图过路段
1:25

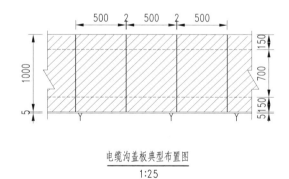

电缆沟盖板典型布置图
1:25

说明:本套图适用于进厂交通洞、主变进风洞、尾闸运输洞、通风兼安全洞、主变排风洞等附属洞室的电缆沟及排水沟

图 7-7   进厂交通洞电缆沟排水沟工艺设计图 1

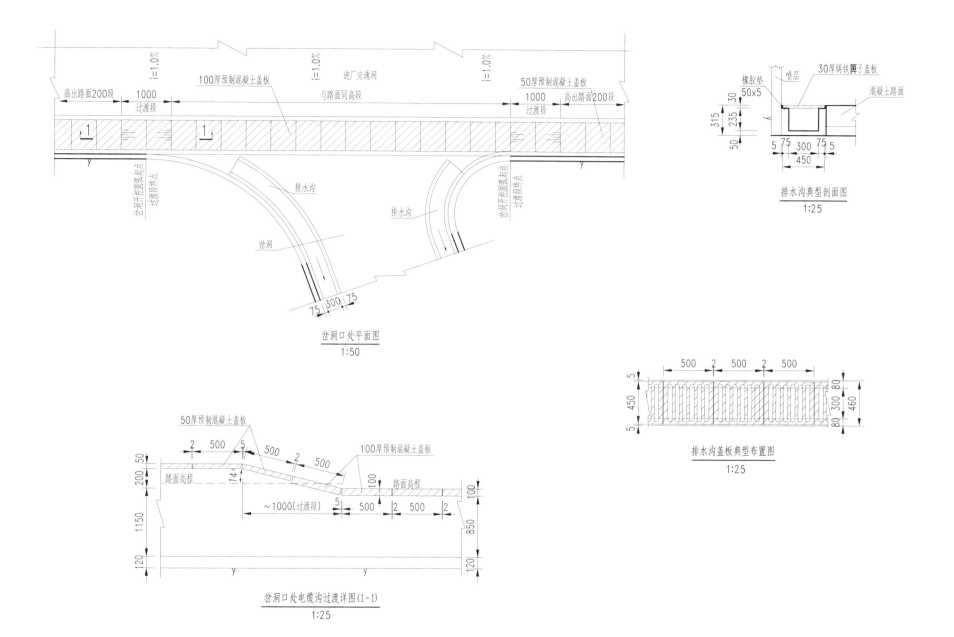

图 7-8　进厂交通洞电缆沟排水沟工艺设计图 2

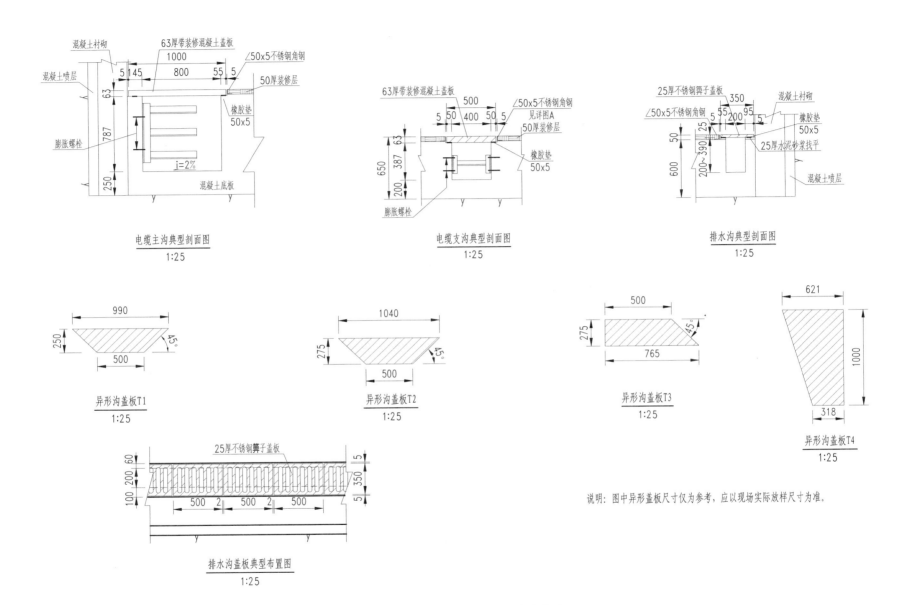

电缆主沟典型剖面图
1:25

电缆支沟典型剖面图
1:25

排水沟典型剖面图
1:25

异形沟盖板T1
1:25

异形沟盖板T2
1:25

异形沟盖板T3
1:25

异形沟盖板T4
1:25

说明:图中异形盖板尺寸仅为参考,应以现场实际放样尺寸为准。

排水沟盖板典型布置图
1:25

图 7-9 母线洞电缆沟排水沟工艺设计图 1

第 2 篇 具体工艺设计方案

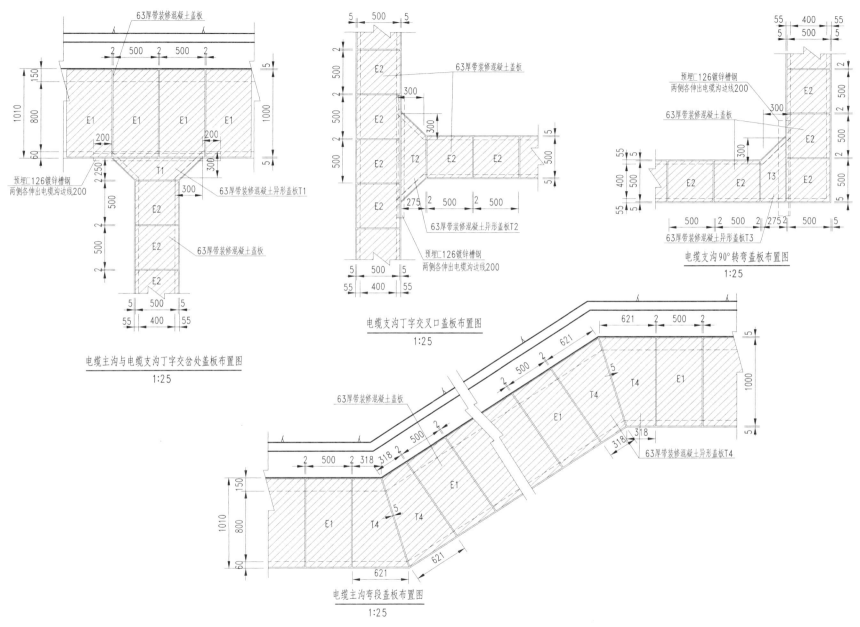

图 7-10　母线洞电缆沟排水沟工艺设计图 2

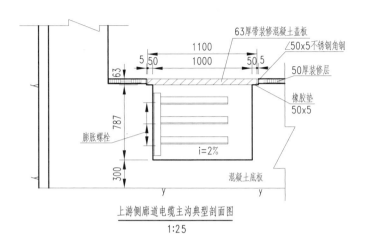

上游侧廊道电缆主沟典型剖面图
1:25

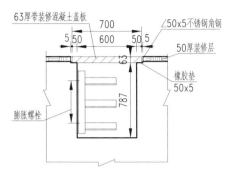

上游侧廊道电缆支沟典型剖面图
1:25

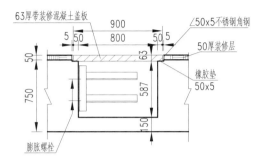

厂用变室电缆沟典型剖面图
1:25

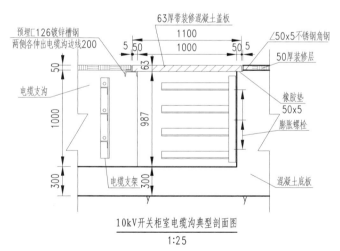

10kV开关柜室电缆沟典型剖面图
1:25

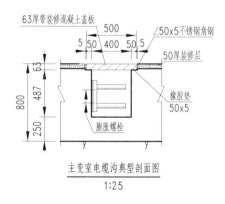

主变室电缆沟典型剖面图
1:25

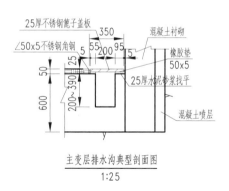

主变层排水沟典型剖面图
1:25

图 7-11 主变洞电缆沟排水沟工艺设计图 1

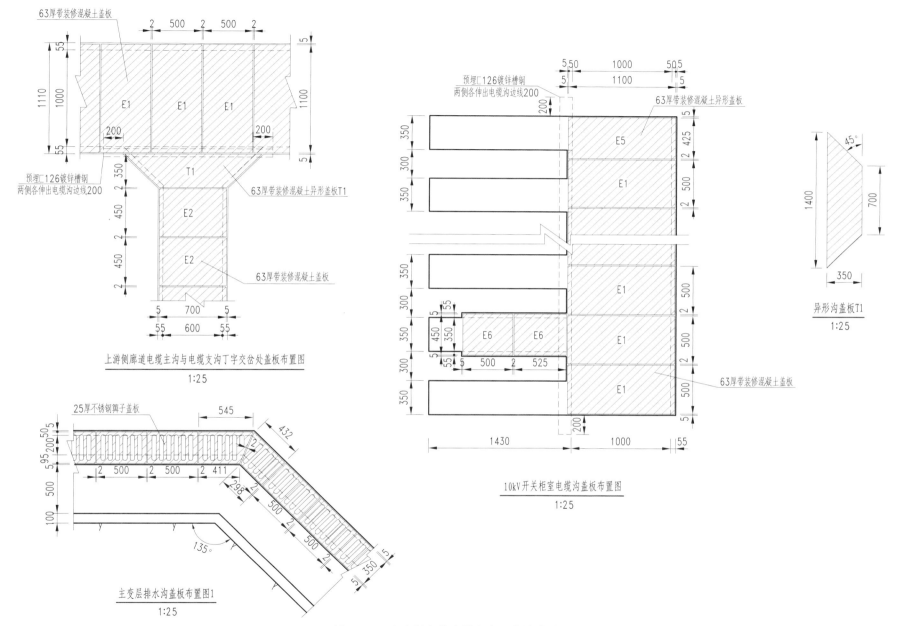

图 7－12　主变洞电缆沟排水沟工艺设计图 2

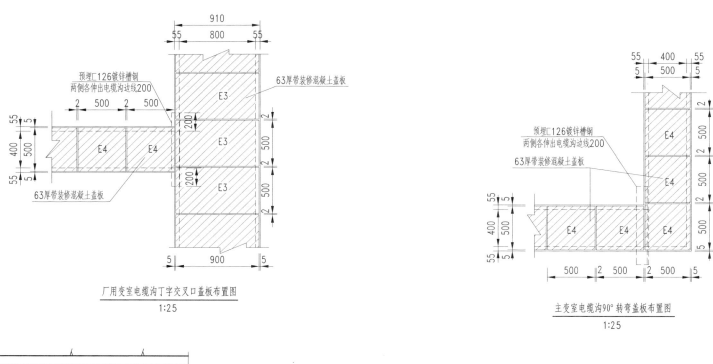

厂用变室电缆沟丁字交叉口盖板布置图
1:25

主变室电缆沟90°转弯盖板布置图
1:25

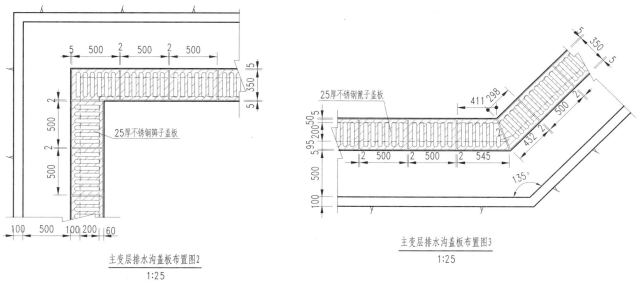

主变层排水沟盖板布置图2
1:25

主变层排水沟盖板布置图3
1:25

图 7-13　主变洞电缆沟排水沟工艺设计图 3

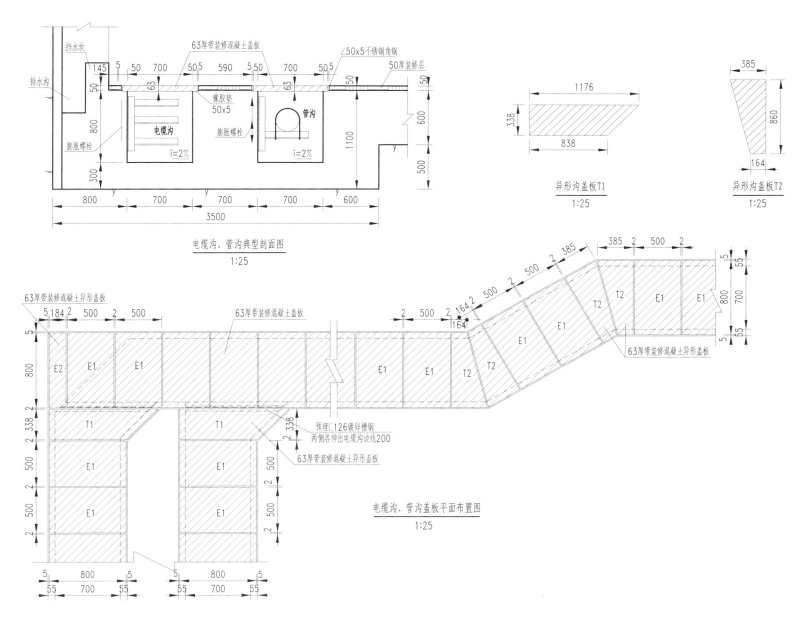

图 7 - 14　安装场共同沟工艺设计图

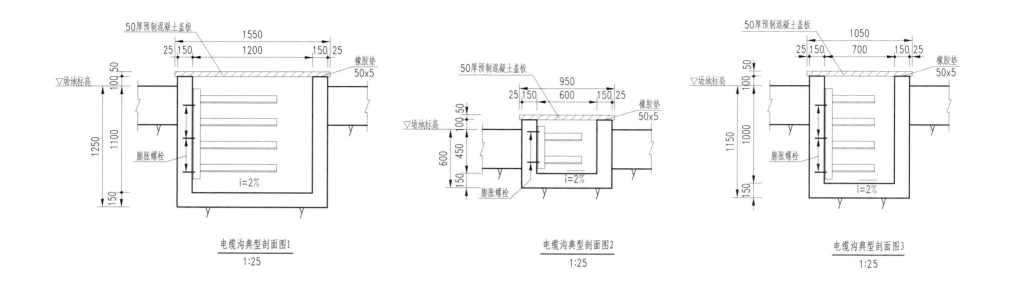

电缆沟典型剖面图1
1:25

电缆沟典型剖面图2
1:25

电缆沟典型剖面图3
1:25

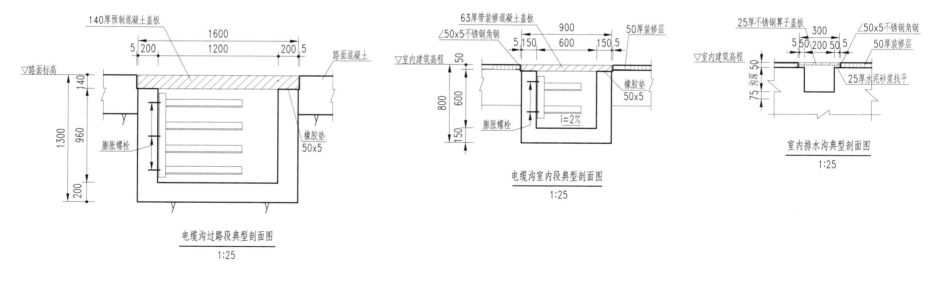

电缆沟过路段典型剖面图
1:25

电缆沟室内段典型剖面图
1:25

室内排水沟典型剖面图
1:25

图 7-15 开关站电缆沟工艺设计图 1

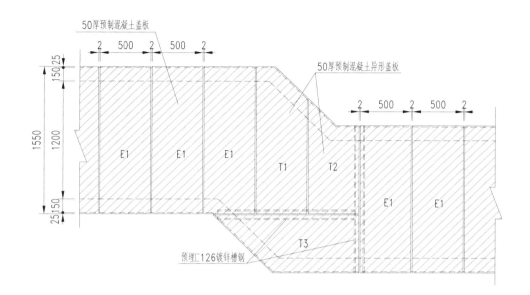

室外电缆沟盖板平面布置图1
1:25

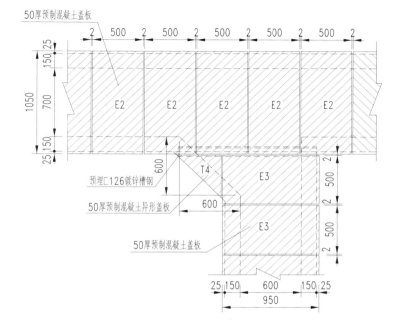

室外电缆沟盖板平面布置图2
1:25

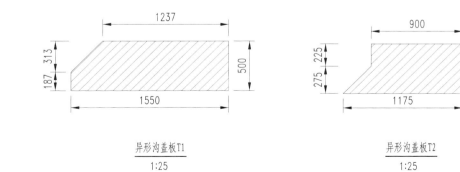

异形沟盖板T1
1:25

异形沟盖板T2
1:25

异形沟盖板T3
1:25

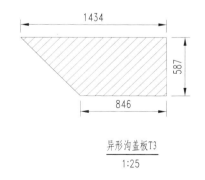

异形沟盖板T4
1:25

图 7-16 开关站电缆沟工艺设计图 2

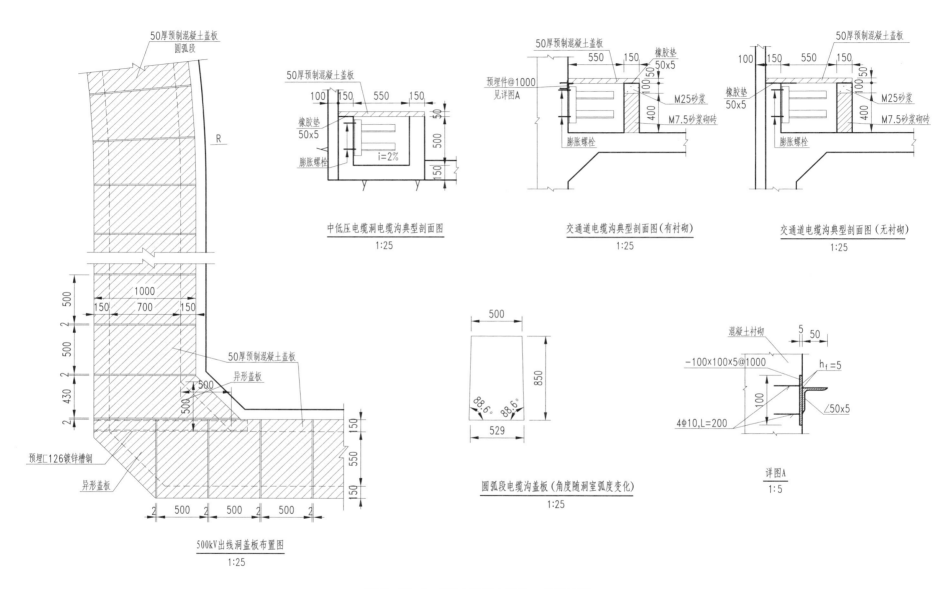

图 7-17　500kV 出线洞电缆沟工艺设计图

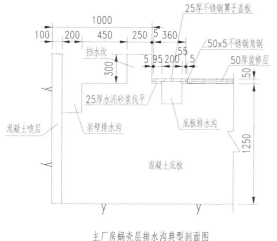

主厂房蜗壳层排水沟典型剖面图
1:25

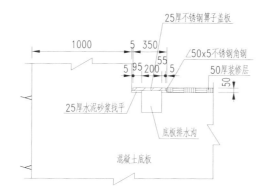

副厂房污水处理室层排水沟典型剖面图
1:25

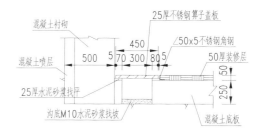

厂内透平油罐室底板排水沟典型剖面图
1:25

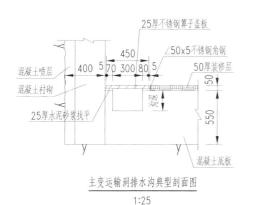

主变运输洞排水沟典型剖面图
1:25

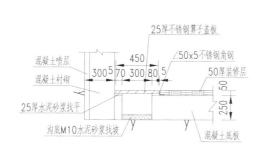

交通电缆洞排水沟典型剖面图
1:25

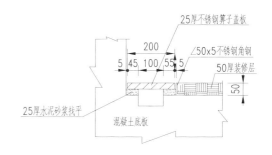

蜗壳外包混凝土周边排水沟典型剖面图
1:10

图 7－18　地下厂房洞室其他排水沟工艺设计图

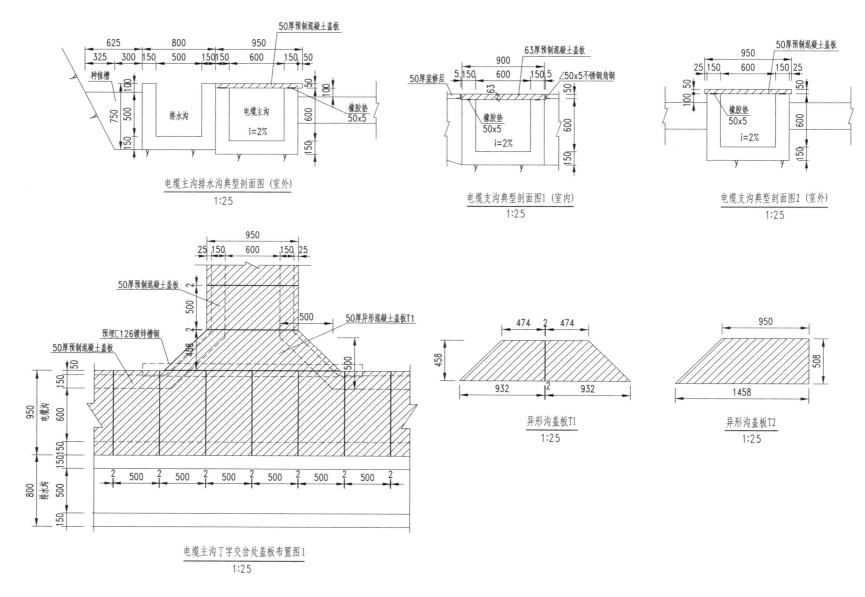

图 7-19　上、下水库进/出水口电缆沟排水沟工艺设计图 1

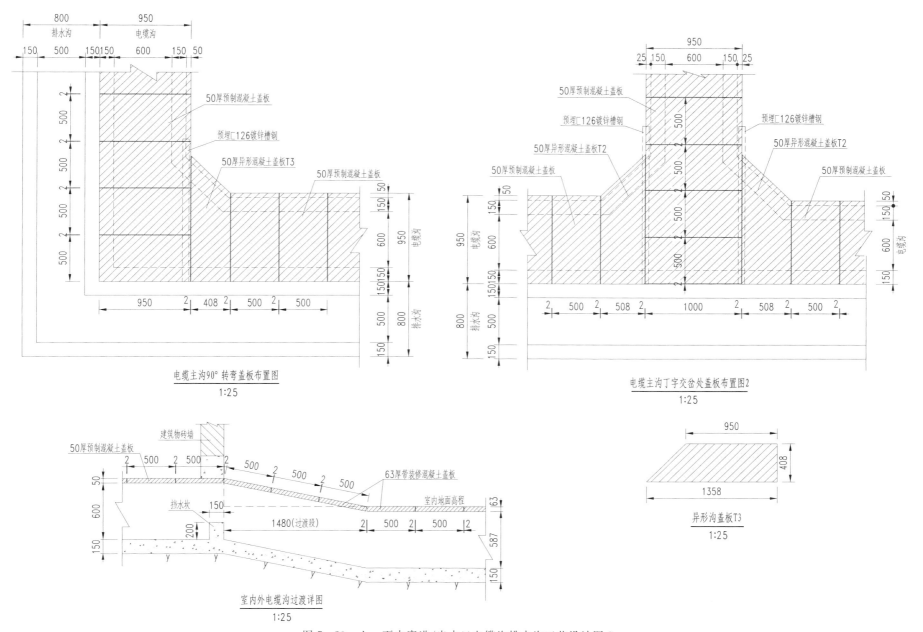

图 7-20　上、下水库进/出水口电缆沟排水沟工艺设计图 2

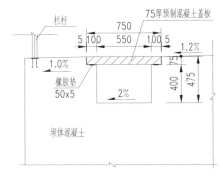

电缆沟1典型剖面图（过车型）
1:25

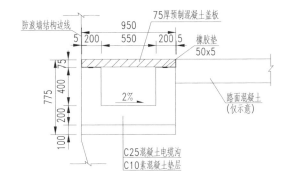

电缆沟2典型剖面图（过车型）
1:25

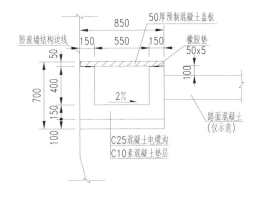

电缆沟3典型剖面图（非过车形）
1:25

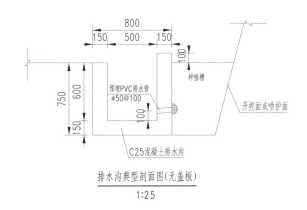

排水沟典型剖面图（无盖板）
1:25

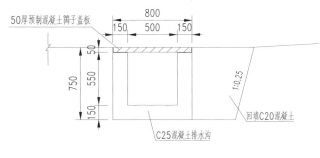

排水沟典型剖面图（有盖板）
1:25

图 7-21 上、下水库坝顶及环库公路电缆沟工艺设计图 1

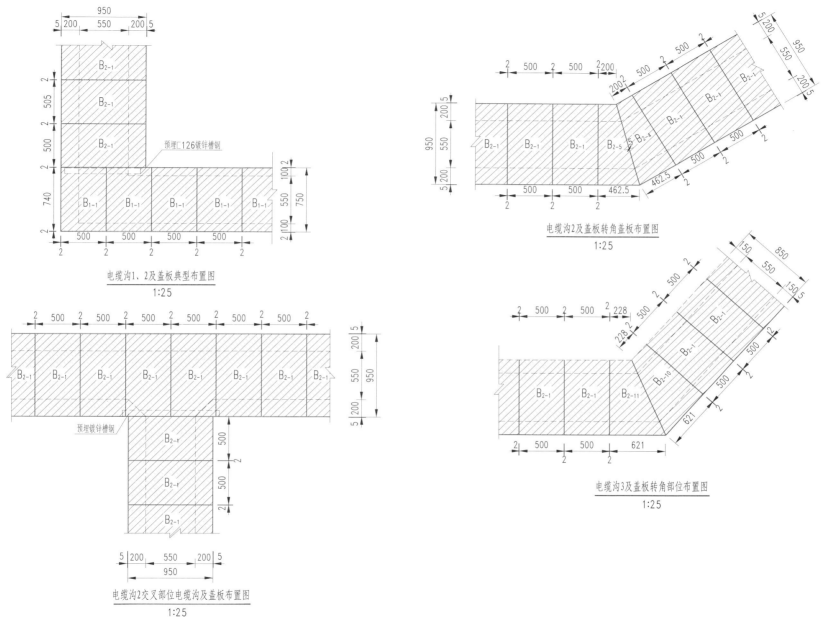

电缆沟1、2及盖板典型布置图
1:25

电缆沟2交叉部位电缆沟及盖板布置图
1:25

电缆沟2及盖板转角盖板布置图
1:25

电缆沟3及盖板转角部位布置图
1:25

图 7 - 22　上、下水库坝顶及环库公路电缆沟工艺设计图 2

第8章 预埋管工艺设计

第1部分 机 械

设计图目录见表 8-1。

表 8-1　　　　　　　　　　　　　　设 计 图 目 录

序号	图　　名	图　　号
1	设计总说明	图 8-1
2	预埋管支撑管架间距表	图 8-2
3	离地/墙近（≤500mm）水机预埋管（含水平、竖直管）细部工艺设计图	图 8-3～图 8-4
4	离地/墙 500～1000mm 水机预埋管（含水平、竖直管）细部工艺设计图	图 8-5～图 8-6
5	离地、墙远（≥1000mm）水机预埋管（含水平、竖直管）细部工艺设计图	图 8-7
6	穿楼板及穿墙套管细部工艺设计图	图 8-8
7	预埋管连接细部工艺设计图	图 8-9
8	管道过缝处理细部工艺设计图	图 8-10
9	尾水隧洞预埋管细部工艺设计图	图 8-11～图 8-12
10	主厂房蜗壳层以下预埋管细部工艺设计图	图 8-13～图 8-14
11	主厂房蜗壳层机墩预埋管细部工艺设计图	图 8-15～图 8-16

1. 相关标准

（1）抽水蓄能电站工程工艺设计导则。

（2）抽水蓄能电站工程建设补充强制性条文（试行）。

（3）《水轮发电机组安装技术规范》（GB/T 8564—2003）。

（4）《现场设备、工业管道焊接工程施工规范》（GB 50236—2011）。

2. 总体原则要求

（1）混凝土分层处，中间接头埋管外露长度应不小于1000mm，便于后续连接施工。

（2）埋管露头终端外漏300mm，管口应作可靠封堵及保护并设置反光警示标识，采用钢板点焊封堵。

（3）埋管露头管口应作冷切割，不得采用气焊切割，保证管口齐平。管口应平整、光滑、无裂纹、毛刺等缺陷。

（4）预埋管材料及配件在运输、搬运过程中不得损伤，并分类妥善储存。

（5）预埋管埋设前，应进行清理，清除其内、外表面被沾染的污物。

（6）在有防水要求的建筑物外墙或楼板埋设套管时，管口应进行防水处理。

（7）埋管出口位置偏差应不大于10mm。

（8）设备及管路施工时，应做好防电、防砸、防坠落等安全技术工作，确保施工安全。

3. 管路支撑固定要求

（1）预埋管路施工时应作可靠支撑固定，避免混凝土浇筑时引起管口移位。

（2）管路支撑固定典型图详见：典型图（埋管支撑型式1～12）。

备注：1）当管路中心与先浇筑混凝土分界面距离小于500mm时支撑件用螺纹钢筋，否则支撑件用槽钢。

2）图中螺纹钢筋（或槽钢）应与管路角钢托架、土建钢筋（或插筋、锚杆、埋板）或其他允许焊接搭接的金属物做可靠焊接。

3）如螺纹钢筋（或槽钢）没有钢筋搭接，现场应打锚杆用于管路支撑。

4）除另有说明外，管架材料为碳钢。

（3）管路支撑位置按照设计图纸要求或根据土建钢筋布置及管路走向现场确定。

（4）预埋管支撑管架间距详见：预埋管支撑管架间距表2-1。

4. 穿楼板及穿墙套管典型图见：穿楼板及穿墙套管细部工艺设计；套管尺寸选用表详见表2-2

5. 管路连接要求见：埋管连接细部工艺设计

6. 预埋管路过混凝土结构缝时应做过缝处理，过缝处理典型图见：管道过缝处理细部工艺设计

7. 无损检测要求

（1）对于额定工作压力大于8MPa的管道对接焊缝，除应进行介质为水的强度耐压试验外，还应进行射线或TOFD探伤抽样检验，抽检比例不低于5%，质量不低于Ⅲ级。

（2）当现场条件不允许进行强度耐压试验时，经业主，设计，监理同意后可采用如下方法代替。

1）所有环向、纵向对接焊缝和螺旋焊焊缝应进行100%射线检测、TOFD检测或100%超声检测。

2）其余焊缝用磁粉法进行检验。

8. 给排水、暖通专业埋管细部工艺设计参考水机专业执行

9. 本图中涉及电站土建、具体设备及管路尺寸、参数的部分，根据电站具体情况确定

图 8-1　设计总说明

表2-1　　　　　　　　　　　　　预埋管支撑管架间距表

序号	管径/DN	支撑螺纹钢筋规格	支撑槽钢规格	角钢托架规格	U型螺栓或圆钢		螺母		支架最大间距L_{max}/m
---	---	---	---	---	规 格	数量	尺寸/m	数量	
1	10	φ12	[5	30x30x4	与管路匹配的U型螺栓	1	6	2	1.0
2	15	φ12	[5	30x30x4	与管路匹配的U型螺栓	1	10	2	1.5
3	20	φ12	[5	30x30x4	与管路匹配的U型螺栓	1	10	2	2.0
4	25	φ12	[5	30x30x4	与管路匹配的U型螺栓	1	10	2	2.0
5	32	φ16	[5	50x50x5	与管路匹配的U型螺栓	1	12	2	2.5
6	40	φ16	[5	50x50x5	与管路匹配的U型螺栓	1	12	2	2.5
7	50	φ16	[5	50x50x5	与管路匹配的U型螺栓	1	12	2	2.5
8	65	φ16	[8	80x80x8	与管路匹配的U型螺栓	1	12	2	3.0
9	80	φ16	[8	80x80x8	与管路匹配的U型螺栓	1	12	2	3.5
10	100	φ16	[8	80x80x8	与管路匹配的U型螺栓	1	16	2	4.0
11	125	φ16	[8	80x80x8	与管路匹配的U型螺栓	1	16	2	4.5
12	150	φ16	[8	80x80x8	与管路匹配的U型螺栓	1	16	2	5.0
13	200	φ20	[12.6	125x125x10	与管路匹配的U型螺栓	1	20	2	6.0
14	250	φ20	[12.6	125x125x10	φ20圆钢	1	20	2	7.0
15	300	φ20	[12.6	125x125x10	φ20圆钢	1	20	2	7.5
16	350	φ20	[12.6	125x125x10	φ20圆钢	1	20	2	7.5
17	400	φ20	[16a	160x160x14	φ20圆钢	1	20	2	8.0
18	450	φ20	[16a	160x160x14	φ20圆钢	1	20	2	8.0
19	500	φ20	[16a	160x160x14	φ20圆钢	1	20	2	8.0

注:U型螺栓采用JB/ZQ4321标准,内径需与管路外径配套.

图8-2　预埋管支撑管架间距表

表2-2　　　　　套管尺寸选用表

序号	管径/DN	套管尺寸	序号	管路管径	套管尺寸
1	10	φ26.9x2.8	11	DN125	φ168.3x4.5
2	15	φ33.7x3.2	12	DN150	φ219.1x4.5
3	20	φ42.4x3.6	13	DN200	φ273.0x5.0
4	25	φ48.3x3.6	14	DN250	φ323.9x5.0
5	32	φ60.3x3.8	15	DN300	φ355.6x5.6
6	40	φ60.3x3.8	16	DN350	φ426.0x5.6
7	50	φ76.1x4.0	17	DN400	φ480.0x6.0
8	65	φ88.9x4.0	18	DN450	φ530.0x6.0
9	80	φ114.3x4.0	19	DN500	φ610.0x6.0
10	100	φ139.7x4.0			

注: 1. 套管均采用低压流体输送用焊接钢管(GB/T 3091-2008)标准.
2. 表中套管尺寸对公、英制管路均适用.

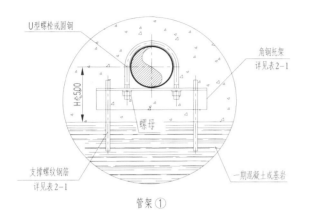

管架①

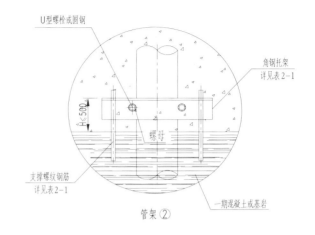

管架②

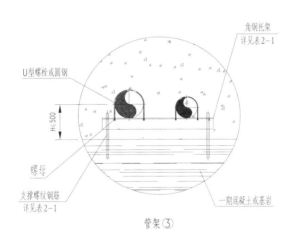

管架③

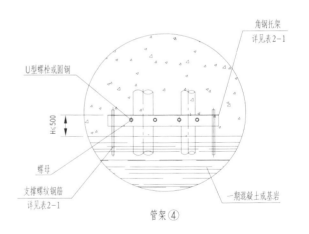

管架④

图 8-3　离地近（≤500mm）水机预埋管（含水平、竖直管）细部工艺设计图

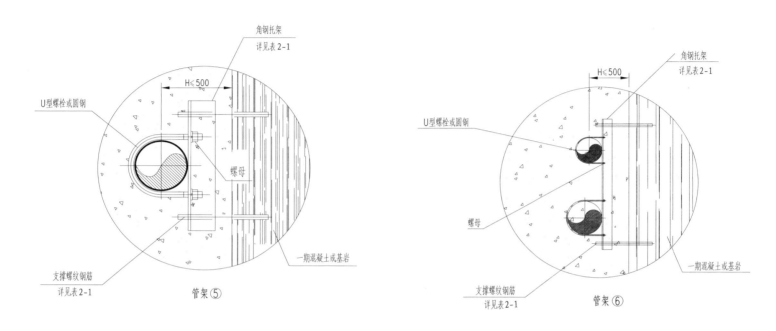

管架⑤

本埋板固定方式优先采用预埋

管架⑥

说明:
1. 管路水平安装时,管架⑤、管架⑥典型图为前视图。
2. 管路竖直安装时,管架⑤、管架⑥典型图为俯视图。

图 8-4　离墙近(≤500mm)水机预埋管(含水平、竖直管)细部工艺设计图

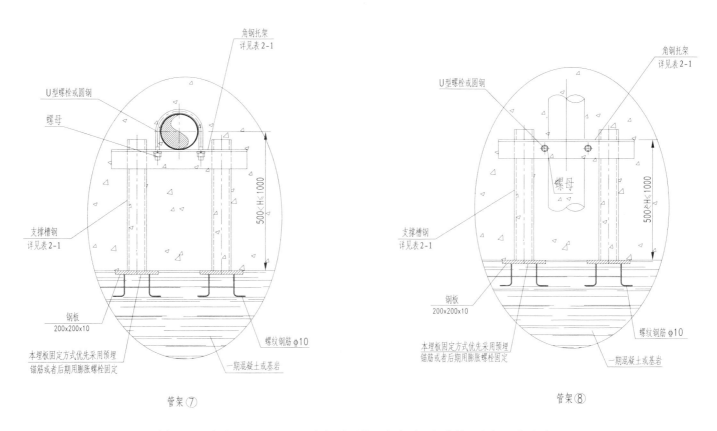

图 8-5　离地 500~1000mm 水机预埋管（含水平、竖直管）细部工艺设计图

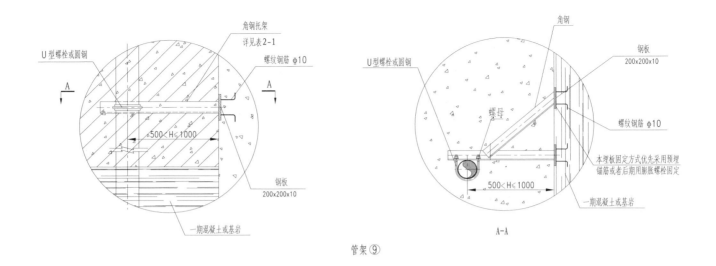

管架⑨

A-A

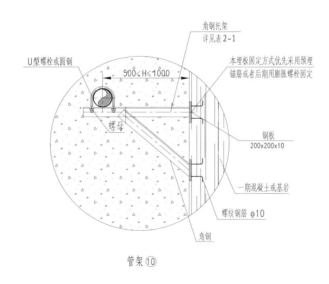

管架⑩

图 8-6 离墙 500～1000mm 水机预埋管（含水平、竖直管）细部工艺设计图

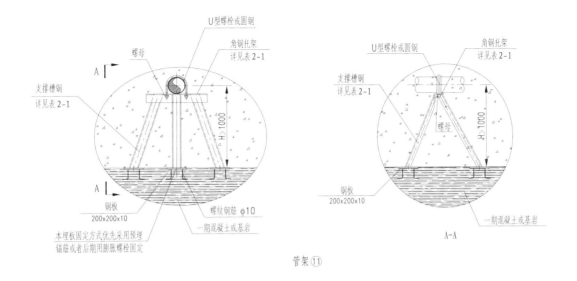

管架⑪

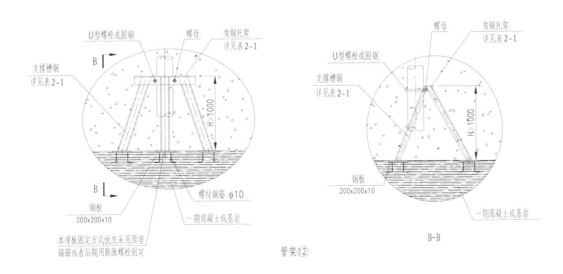

管架⑫

图 8-7 离地、墙远（≥1000mm）水机预埋管（含水平、竖直管）细部工艺设计图

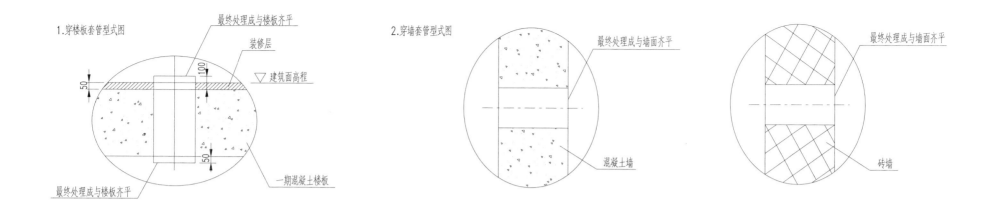

1.穿楼板套管型式图

最终处理成与楼板齐平

装修层

建筑面高程

一期混凝土楼板

最终处理成与楼板齐平

2.穿墙套管型式图

最终处理成与墙面齐平

混凝土墙

最终处理成与墙面齐平

砖墙

3.穿墙、楼面设备管路安装缝隙封堵细部设计

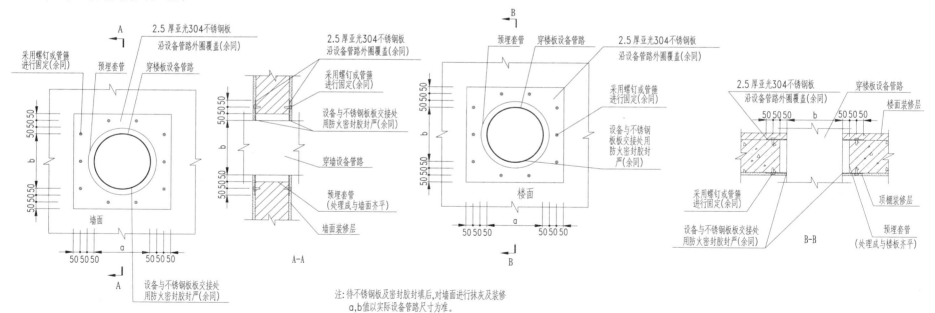

2.5厚亚光304不锈钢板
沿设备管路外圈覆盖(余同)

采用螺钉或管箍
进行固定(余同)

预埋套管

穿楼板设备管路

墙面

a

设备与不锈钢板板交接处
用防火密封胶封严(余同)

A-A

2.5厚亚光304不锈钢板
沿设备管路外圈覆盖(余同)

采用螺钉或管箍
进行固定(余同)

设备与不锈钢板板交接处
用防火密封胶封严(余同)

穿墙设备管路

预埋套管
(处理成与墙面齐平)

墙面装修层

预埋套管

穿楼板设备管路

2.5厚亚光304不锈钢板
沿设备管路外圈覆盖(余同)

采用螺钉或管箍
进行固定(余同)

设备与不锈钢
板板交接处用
防火密封胶封
严(余同)

楼面

a

2.5厚亚光304不锈钢板
沿设备管路外圈覆盖(余同)

穿楼板设备管路

楼面装修层

b

采用螺钉或管箍
进行固定(余同)

设备与不锈钢板板交接处
用防火密封胶封严(余同)

B-B

顶棚装修层

预埋套管
(处理成与楼板齐平)

注:待不锈钢板及密封胶填后,对墙面进行抹灰及装修
a,b值以实际设备管路尺寸为准。

图8-8 穿楼板及穿墙套管细部工艺设计图

1.管路连接坡口型式及要求

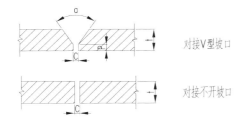

对接V型坡口

对接不开坡口

氧—乙炔焊对口型式及组对要求				
接头名称	接头尺寸/mm			
	厚 度 t	间 隙 c	钝 边 p	坡口角度α/(°)
对接不开坡口	<3	1~2	—	—
管接头为V型坡口"V"	3~6	2~3	0.5~1.5	70~90

手工电弧焊对口型式及组对要求				
接头名称	接头尺寸/mm			
	厚 度 t	间 隙 c	钝 边 p	坡口角度α/(°)
对接不开坡口	≤4	1~2	—	—
管接头为V型坡口"V"	5~8	1.5~2.5	1~1.5	60~70
	8~12	2~3	1~1.5	60~65

2.机组测量小口径埋管(DN≤25)应采用双承口承插焊管箍(GB/T 14383—2008)连接，承插焊连接典型图详见下图：

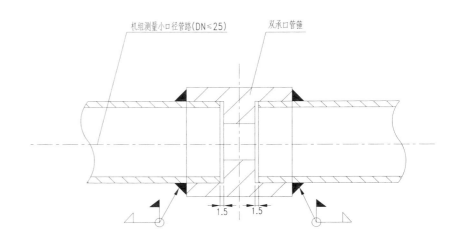

机组测量小口径管路(DN≤25)　　双承口管箍

承插焊连接典型图

图8-9　预埋管连接细部工艺设计图

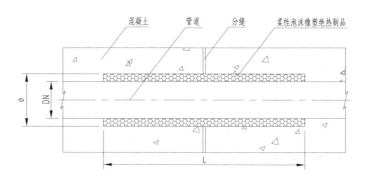

混凝土　　管道　　分缝　　柔性泡沫橡塑绝热制品

管道过缝结构示意图
DN25~DN500

L/mm	1500	2000	2000	2000	2000	2000	2000	2500	3000	3000	3000	4000	3500	4000
DN/mm	25	50	80	100	125	150	200	250	300	350	400	450	500	600
ø	75	100	130	150	175	200	300	350	400	450	500	550	600	700

图 8-10　管道过缝处理细部工艺设计图

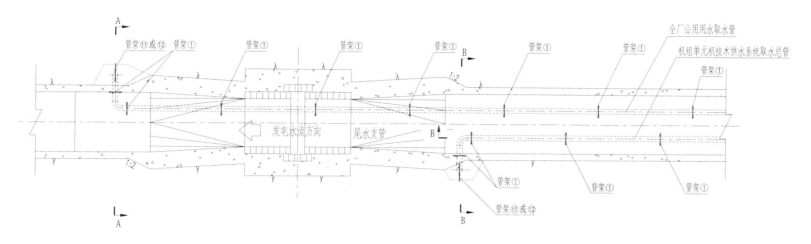

管架⑪或⑫　管架①　　管架①　　　管架①　　　管架①　全厂公用用水取水管

管架①　机组单元机技术供水系统取水总管

管架①

1:2

发电水流方向　尾水支管

管架①

1:2

管架①　管架①　管架①

管架①　管架①

管架⑪或⑫

尾水支管管架应用典型平面图1
1:20

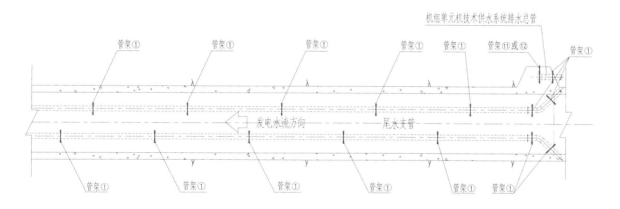

管架①　　　管架①　　　管架①　　　管架①　机组单元机技术供水系统排水总管

管架⑪或⑫　管架①

发电水流方向　　尾水支管

管架①　　管架①　　管架①　　管架①　　管架①　管架①

说明:
1. 图中高程以m计,尺寸以mm计。
2. 本图仅为埋管管架应用的典型实例,具体管路
　走向以及管架布置以管路施工图为准。

尾水支管管架应用典型平面图2
1:20

图8-11　尾水隧洞预埋管细部工艺设计图1

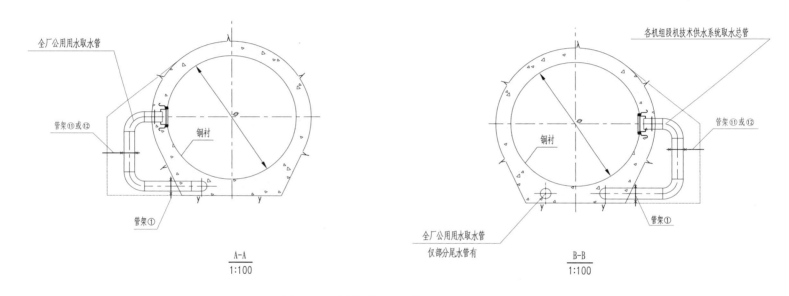

全厂公用用水取水管

管架⑪或⑫

钢衬

管架①

A-A
1:100

各机组段机技术供水系统取水总管

钢衬

管架⑪或⑫

全厂公用用水取水管

仅部分尾水管有

管架①

B-B
1:100

图 8-12　尾水隧洞预埋管细部工艺设计图 2

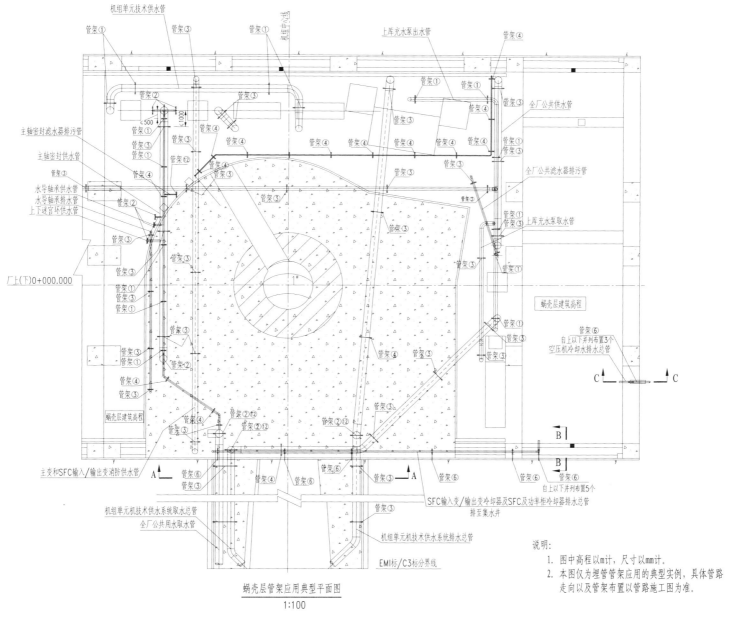

机组单元技术供水管
管架①
管架③
管架③
上库充水泵出水管
管架④
全厂公共供水管
主轴密封滤水器排污管
管架②
管架①
管架③
管架①
管架④
管架①
管架①
管架④
管架③
管架④
全厂公共滤水器排污管
主轴密封供水管
管架③
管架④
管架③
管架④
水导轴承供水管
水导轴承排水管
上下迷宫环供水管
管架②
管架③
上库充水泵取水管
管架①
管架③
管架①
管架③
管架③
厂上(下)0+000.000
管架①
管架③
管架③
管架①
蜗壳层建筑高程
管架①
管架⑥
自上以下并列布置3个
空压机冷却水排水总管
管架①
管架②
管架④
管架③
蜗壳层建筑高程
管架②⑫
管架②⑫
管架②⑫
C   C
主变和SFC输入/输出变消防供水管
A
管架⑥
管架③
管架④
管架⑥
管架⑥
管架⑥
B
B
管架③
A
自上以下并列布置5个
机组单元机技术供水系统取水总管
管架③
SFC输入变/输出变冷却器及SFC及功率柜冷却器排水总管
排至集水井
全厂公共用水取水管
机组单元机技术供水系统排水总管
EMI标/C3标分界线

蜗壳层管架应用典型平面图
1:100

说明:
1. 图中高程以m计,尺寸以mm计。
2. 本图仅为埋管管架应用的典型实例,具体管路
走向以及管架布置以管路施工图为准。

图 8-13　主厂房蜗壳层以下预埋管细部工艺设计图 1

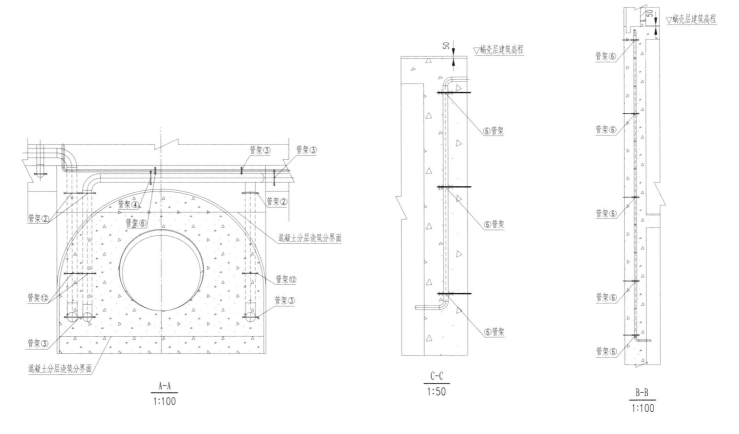

图 8-14 主厂房蜗壳层以下预埋管细部工艺设计图 2

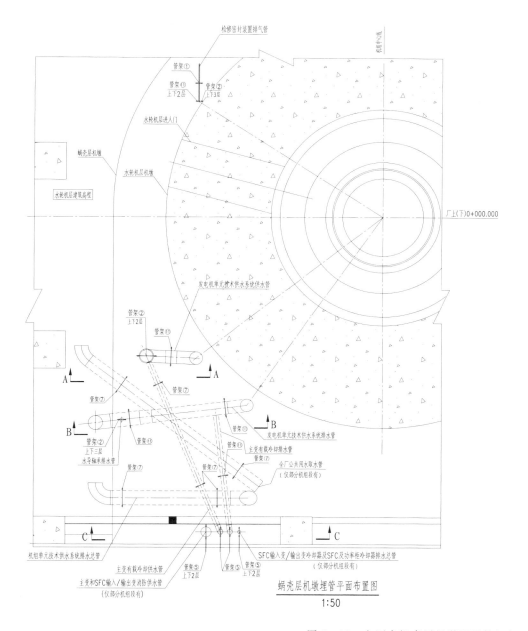

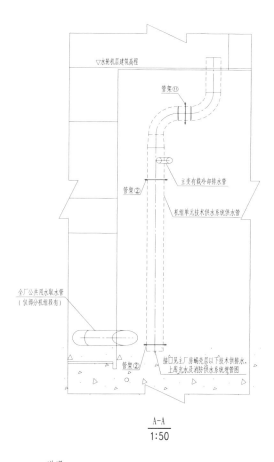

A-A
1:50

说明：
1. 图中高程以m计，尺寸以mm计。
2. 本图仅为埋管管架应用的典型实例，具体管路
   走向以及管架布置以管路施工图为准。

图 8-15　主厂房蜗壳层机墩预埋管细部工艺设计图 1

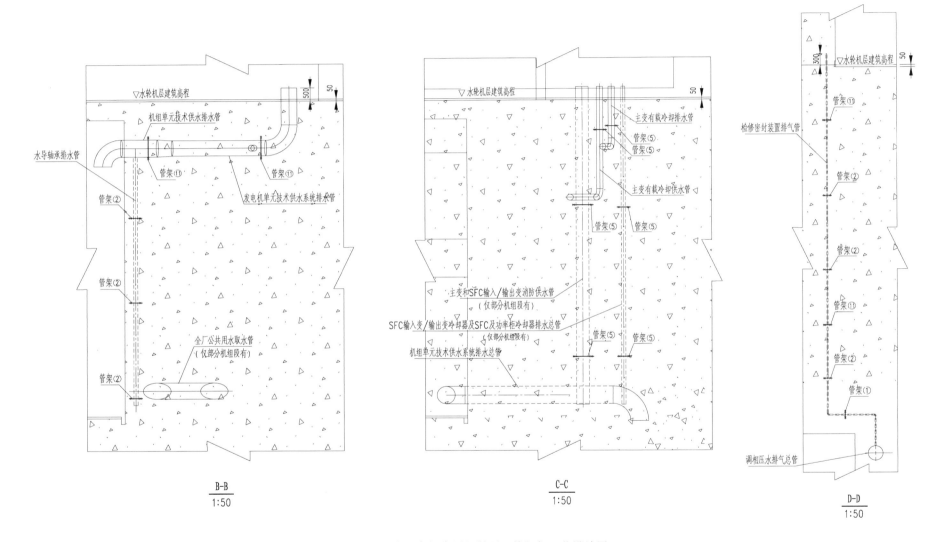

图 8－16　主厂房蜗壳层机墩预埋管细部工艺设计图 2

　第 2 篇　具体工艺设计方案

第 2 部分　电　　气

设计图目录见表 8-2。

表 8-2　　　　　　　　　　　　　　　　　设 计 图 目 录

序号	图　名	图　号
1	电气预埋管工艺设计总说明	图 8-17
2	电气预埋管支撑管架工艺设计图	图 8-18
3	墙壁、楼板、电缆沟侧壁电气预埋管工艺设计图	图 8-19
4	设备基础、盘柜基础电气预埋管工艺设计图	图 8-20
5	电气预埋管过伸缩缝工艺设计图	图 8-21
6	门禁预埋管工艺设计图	图 8-22
7	卷帘门预埋管工艺设计图	图 8-23
8	圆拱顶电气预埋管工艺设计图	图 8-24
9	壁挂箱下进线预埋管工艺设计图	图 8-25
10	壁挂箱上进线工艺设计图	图 8-26

1. 相关标准

电气预埋管的敷设应符合以下标准的要求:

(1)《抽水蓄能电站工程工艺设计导则》。

(2)《抽水蓄能电站工程建设补充规定》。

(3)《水轮发电机组安装技术规范》(GB/T 8564—2003)。

(4)《电力工程电缆设计规范》(GB 50217—2007)。

(5)《建筑电气工程施工质量验收规范》(GB 50303—2002)。

(6)《电气装置安装工程电缆线路施工及验收规范》(GB 50168—2006)。

(7)《低压流体输送用焊接钢管》(GB/T 3091—2008)。

2. 预埋管埋设原则说明及要求

(1)除特殊说明外,预埋管选用热浸镀锌碳素钢管,其壁厚及镀锌要求应满足:

公称直径/mm	20	25	32	40	50	65	80~125	150
壁厚/mm	2.8	3.2	3.5	3.5	3.8	4.0	4.0	4.5
镀锌层要求	>500g/m²							

(2)预埋管材料及配件在运输、搬运过程中不得损伤,并分类妥善储存。

(3)预埋管埋设前,应进行清理,清除其内、外表面被沾染的污物。

(4)预埋管应配合土建施工同时进行埋设和安装。

(5)电缆管不应有穿孔、裂缝和显著的凹凸不平,内壁应光滑。

(6)金属电缆管连接采用套管焊接的方式,连接时应两管口对准、连接牢固,密封良好;套接的短套管或带螺纹的管接头的长度,不应小于电缆管外径的2.2倍。电缆管穿墙时需用套管。

(7)预埋管道通过沉降缝或伸缩缝时,必须按工艺设计图纸的要求做套管或包扎弹性垫层等过缝处理。

(8)电缆埋管弯曲半径应大于15倍管外径,且不应小于所穿入电缆的允许弯曲半径,电缆的最小弯曲半径应遵守GB 50168—2006表5.1.7的规定。敷设中遇门、窗、孔洞和其他管路需绕行。

(9)预埋管道安装就位后,应采用可靠的固定和支撑方式,防止混凝土浇筑或回填过程中发生变形或移,钢支撑留在混凝土内。管路固定不得直接点焊在钢筋上,以避免管路被焊接损坏。

(10)预埋管道的安装偏差在施工图纸未规定时,预埋管口露出地面不小于300mm,露出地面管路需垂直,管口坐标偏差不大于10mm,管道距墙面、楼板不小于安装要求尺寸,管道穿过楼板的刚性套管,顶部应高出地面300mm,底部突出楼板底面50mm;安装在墙内的套管两端应与墙面齐平。

(11)并列管电缆管管口应排列整齐,相互间宜留有不小于20mm的空隙。

(12)预埋管路应多布置成直管,少用弯头,巡边布置。引至设备的电缆管管口位置应尽可能靠近设备接线盒且不妨碍设备拆装和进出。

(13)预埋管与设备连接端(包括与设备直接连接、经可绕金属管连接或电缆直接引出)均应配置相应规格的终端连接器(格兰头)。

3. 预埋管加工及防护要求

(1)埋管露头管口应作冷切割,不得采用气焊切割,保证管口齐平。管口应平整、光滑、无裂纹、毛刺等缺陷。

(2)施工图纸未作规定,并在埋设条件许可时,其弯头加工可采用弯管机,并尽可能采用平滑过渡的大弯曲半径。

(3)热弯钢管加工要求可参照《水轮发电机组安装技术规范》(GB/T 8564—2003)第12章表36的规定。

(4)采用有缝钢管加工弯管时,焊缝位置应避开受拉(压)应力较大区,纵缝置于水平与垂直面间45°处。

(5)电缆管道弯制后,不应有裂缝和显著的凹瘪现象,弯制后的截面最大与最小外径差不应超过管道外径的10%。

(6)镀锌管锌层剥落处应涂以防腐漆。

(7)电缆埋管管口在施工过程中应做好保护以防堵塞。管口应用钢板点焊封堵,并设置反光警示标识。

(8)仪表管管端应采用塑料管帽临时封闭。

(9)在有防水要求的建筑物外墙或楼板埋设套管时,管口应进行防水处理。

(10)电缆管管口应进行钝化处理,防止电缆在敷设时受损。

图 8-17　电气预埋管工艺设计总说明

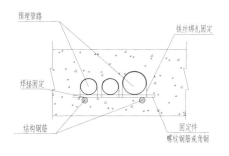

预埋管路　　　　　　　　　　铁丝绑扎固定

焊接固定

结构钢筋　　　　　　　　　固定件
　　　　　　　　　　　　螺纹钢筋或角钢

水平埋管固定支撑型式详图
（楼板或地坪内敷设）

预埋管路露头　　　　　　　铁丝绑扎固定

表层结构钢筋

焊接固定

固定件
螺纹钢筋或角钢

管路露头固定支撑型式详图
（楼板或地坪内敷设）

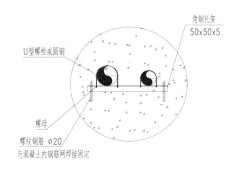

角钢托架
50x50x5

U型螺栓或圆钢

螺母

螺纹钢筋　∅20
与混凝土内钢筋网焊接固定

水平埋管固定支撑型式详图
适用于大体积混凝土内

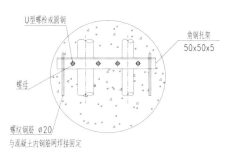

U型螺栓或圆钢

角钢托架
50x50x5

螺母

螺纹钢筋　∅20
与混凝土内钢筋网焊接固定

多根垂直埋管支撑型式详图
适用于大体积混凝土内

说明：
1. 本图表示混凝土内电气预埋管路埋设施工时固定支撑有关工艺设计。
2. 电气埋管起、终点露头处应设置固定支撑，中间部分支撑固定支架间距不宜超过3m。
3. 施工中应注意根据现场管路布置情况随时调整埋管支撑，至管路排列整齐有序后方可固定管架。

图 8-18　电气预埋管支撑管架工艺设计图

侧墙埋管引下露头示意图

侧墙埋管引上露头示意图

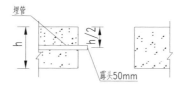

埋管穿楼板孔露头示意图1

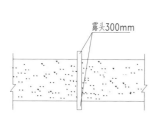

埋管穿楼板露头示意图2

埋管穿电缆沟壁露头示意图

埋管管壁与墙表面距离	大体积混凝土中	非大体积混凝土中
L	≥50cm	≥10cm

说明:
1. 图中尺寸均以mm计。
2. 本图表示墙壁、楼板、电缆沟侧壁电气预埋管路埋设与露头有关工艺设计。
3. 为避免埋管干扰结构钢筋,管壁离混凝土表面不小于10cm,针对大面积混凝土情况应不小于50cm。

图 8-19　墙壁、楼板、电缆沟侧壁电气预埋管工艺设计图

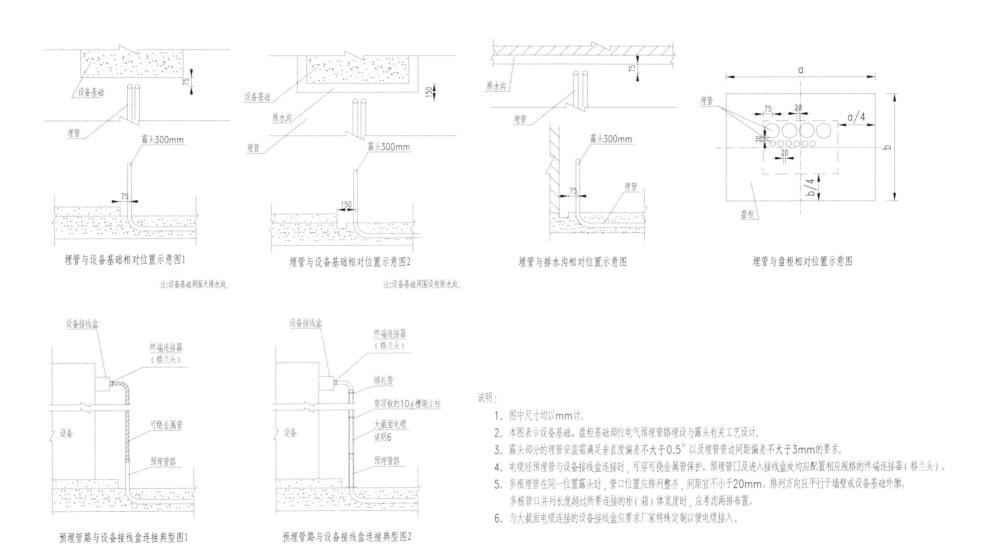

埋管与设备基础相对位置示意图1

注:设备基础周围无排水沟。

埋管与设备基础相对位置示意图2

注:设备基础周围设有排水沟。

埋管与排水沟相对位置示意图

埋管与盘柜相对位置示意图

预埋管路与设备接线盒连接典型图1

预埋管路与设备接线盒连接典型图2

说明:

1. 图中尺寸均以mm计。
2. 本图表示设备基础、盘柜基础部位电气预埋管路埋设与露头有关工艺设计。
3. 露头部分的埋管安装需满足垂直度偏差不大于0.5°以及埋管管边距偏差不大于3mm的要求。
4. 电缆经预埋管与设备接线盒连接时,可穿可挠金属管保护。预埋管口及进入接线盒处均应配置相应规格的终端连接器(格兰头)。
5. 多根埋管在同一位置露头时,管口位置应排列整齐,间距宜不小于20mm。排列方向应平行于墙壁或设备基础外廓。
   多根管口并列长度超过所要连接的柜(箱)体宽度时,应考虑两排布置。
6. 与大截面电缆连接的设备接线盒应要求厂家特殊定制以便电缆接入。

图8-20 设备基础、盘柜基础电气预埋管工艺设计图

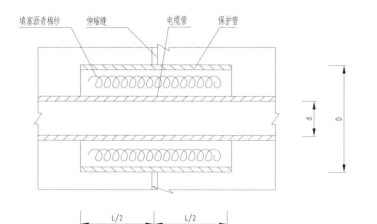

电缆管公称直径d	20	25	32	40	50	70	80
保护管公称直径D	70	70	100	100	125	150	175
保护管长度L /mm	350	350	380	380	400	400	400

电缆预埋管过伸缩缝工艺设计图1

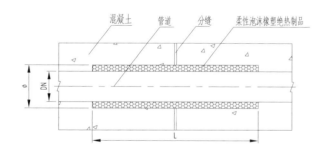

DN /mm	25	50	80	100	125	150	200	250
∅	75	100	130	150	175	200	300	350
L /mm	1500	2000	2000	2000	2000	2000	2000	2500

电缆预埋管过伸缩缝工艺设计图2

说明：
1. 图中尺寸均以mm计。
2. 本图表示电缆预埋管过伸缩缝工艺设计。

图 8-21　电气预埋管过伸缩缝工艺设计图

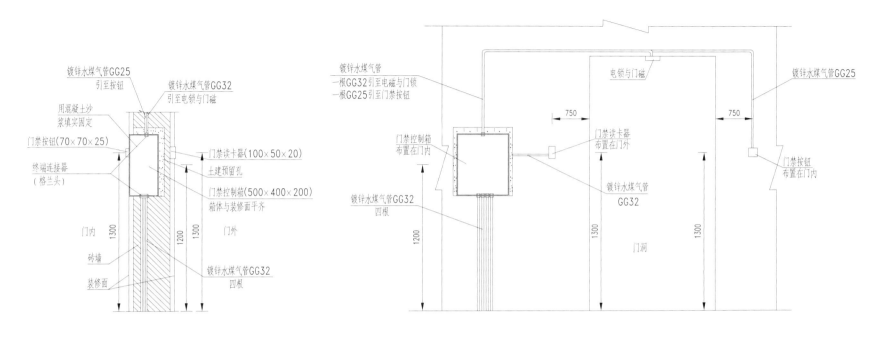

门禁预埋管纵向剖面图   门禁预埋管横向剖面图

说明:

1. 图中尺寸单位为mm,相关设备参数为高×宽×深。

2. 除注明外,门禁控制器箱底边距地1.2m;门禁读卡器放在门外,其中心距地1.3m,中心侧面距门框0.3m;门禁按钮放在门内,其中心
   距地1.3m,中心侧面距门框0.3m;门磁和电锁放在紧贴着门框楣头的正下方。

3. 门禁控制器箱至每套电锁、门磁暗埋1根GG32镀锌水煤气管,门禁控制器箱至每只读卡器暗埋1根GG32镀锌水煤气管,门禁控制器箱
   至每只门禁按钮暗埋1根GG25镀锌水煤气管,门禁控制器箱间暗埋2根GG32镀锌水煤气管。

4. 本图适用于砖墙内门禁系统埋管布置安装。

5. 埋管与接线盒连接处应采用格兰头(终端连接器)进行连接。

图 8 - 22 门禁预埋管工艺设计图

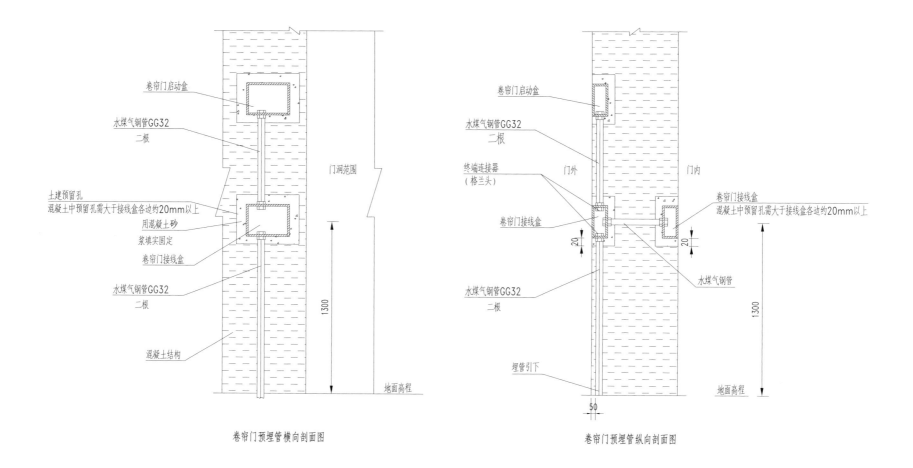

卷帘门预埋管横向剖面图

卷帘门预埋管纵向剖面图

说明:
1. 图中尺寸单位为mm。
2. 除特别注明外，引上管口露出地面300mm，引下管口露出下楼板300mm，
   侧墙管口露出墙面50mm。
3. 引至设备及盘柜的外露电缆均采用普利卡管保护，并配终端连接器。
4. 防火卷帘门接线盒距地1.3m。
5. 混凝土浇筑时须预留接线盒开孔，预留孔应大于接线盒各边不少于20mm，接线盒与
   预埋管路连接及埋设时应充分利用预留孔空间调整端正，然后用混凝土砂浆填实固定。
6. 埋管与接线盒连接处应采用格兰头(终端连接器)进行连接。

图 8-23　卷帘门预埋管工艺设计图

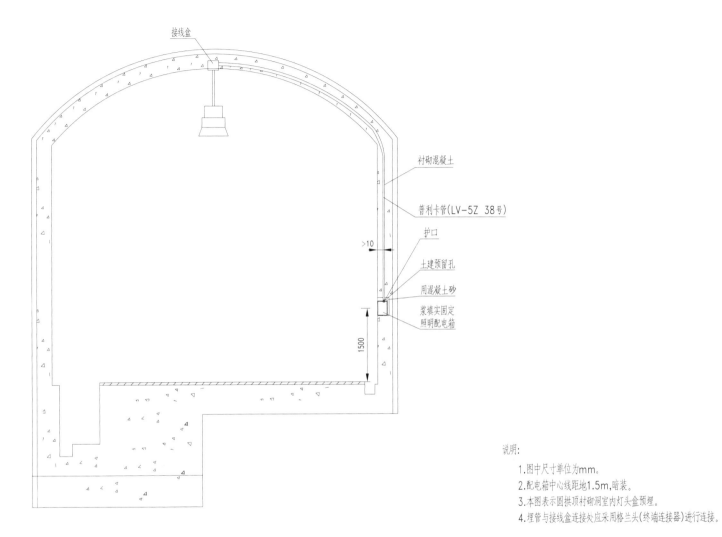

接线盒

衬砌混凝土

菩利卡管(LV-5Z 38号)

护口

土建预留孔

用混凝土砂

浆填实固定
照明配电箱

>10

1500

出线洞等圆拱顶预埋

说明:

1.图中尺寸单位为mm。

2.配电箱中心线距地1.5m,暗装。

3.本图表示圆拱顶衬砌洞室内灯头盒预埋。

4.埋管与接线盒连接处应采用格兰头(终端连接器)进行连接。

图 8-24 圆拱顶电气预埋管工艺设计图

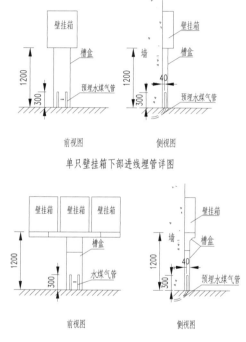

前视图　　　　　　　側视图

单只壁挂箱下部进线埋管详图

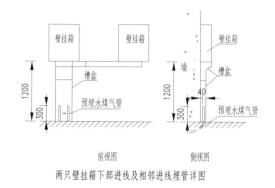

前视图　　　　　　　側视图

两只壁挂箱下部进线及相邻进线埋管详图

前视图　　　　　　　側视图

多个壁挂箱下部进线及相邻进线埋管详图

说明:

1.图中尺寸均以mm计。

2.本图表示与壁挂箱下进线有关详细设计;壁挂箱尺寸以实际尺寸为准,图中仅为示意。

3.除特殊说明外,箱底距地一般为1.2m,下部平齐安装。

4.图中电缆桥架及槽盒尺寸根据壁挂箱实际电缆数量选择,槽盒厚度取150mm的型式。

5.露头部分的埋管安装要求详见图8-19。

图8-25　壁挂箱下进线预埋管工艺设计图

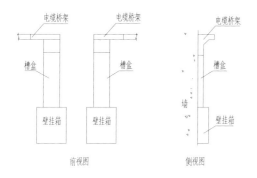

单只壁挂箱上部桥架末端进线埋管详图

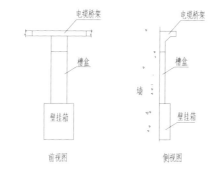

单只壁挂箱中部桥架中部进线埋管详图

说明：

1. 图中尺寸均以mm计。
2. 本图表示与壁挂箱上进线有关详细设计；壁挂箱尺寸以实际尺寸为准，图中仅为示意。
3. 除特殊说明外，箱底距地一般为1.2m，下部平齐安装。
4. 图中电缆桥架及槽盒尺寸根据壁挂箱实际电缆数量选择，槽盒厚度取150mm的型式。

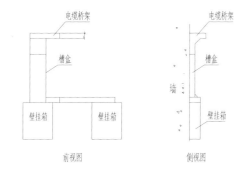

两只壁挂箱上部桥架末端进线及相邻进线埋管详图

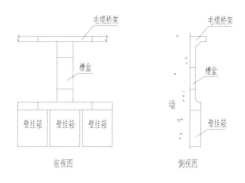

多个壁挂箱上部进线及相邻进线埋管详图

图8-26 壁挂箱上进线工艺设计图

第9章 预埋件工艺设计

第1部分 机 械

设计图目录见表9-1。

表 9-1   设 计 图 目 录

序号	图 名	图 号
1	预埋件工艺设计总说明	图 9-1
2	技术供水泵预埋件工艺设计图	图 9-2
3	渗漏排水泵预埋件工艺设计图	图 9-3
4	上库充水泵预埋件工艺设计图	图 9-4~图 9-5
5	检修排水泵预埋件工艺设计图	图 9-6~图 9-7
6	滤水器预埋件工艺设计图	图 9-8~图 9-9
7	7m³ 及 5m³ 储气罐预埋件工艺设计图	图 9-10
8	2m³ 及 1m³ 储气罐预埋件工艺设计图	图 9-11
9	中压及低压空压机预埋件工艺设计图	图 9-12
10	空压机安装检修轨道预埋件工艺设计图	图 9-13~图 9-14
11	技术供水泵及滤水器安装检修轨道预埋件工艺设计图	图 9-15~图 9-16
12	检修排水泵安装检修轨道预埋件工艺设计图	图 9-17
13	渗漏排水泵安装检修轨道预埋件工艺设计图	图 9-18

1. 相关标准

(1) 预埋件的施工应符合以下标准的要求。

(2) 抽水蓄能电站工程工艺设计导则。

(3) 抽水蓄能电站工程建设补充强制性条文（试行）。

(4)《水轮发电机组安装技术规范》（GB/T 8564—2003）。

2. 原则要求及说明

(1) 预埋件材质，无特殊规定时，按如下执行。

1) 锚筋：采用 HPB300（Φ）、HRB400（Φ）级钢筋，不得采用冷加工钢筋。

2) 钢板及型钢：采用 Q235、Q345 级钢。

3) 螺栓：采用 Q235、Q345 级钢，且应符合《六角头螺栓》（GB/T 5782）的规定。

(2) 预埋件应采用机械加工，加工后的固定件表面应平整、无明显扭曲，内切口应打磨处理，切口应无卷边、毛刺。

(3) 固定件与混凝土结合面，应无油污和严重锈蚀、防腐处理应按施工图纸的要求执行，无具体要求时，所有外露钢材件均应先刷环氧富锌底漆二度，再刷银粉二度进行防腐。

(4) 设备基础垫板及预埋板埋设时，应符合施工图纸的要求，若施工图纸未作规定时，高程偏差不超过−5～0mm，中心和分布位置偏差不大于 10mm，水平偏差不大于 1mm/m，预埋板的相对位置偏差不超过 15mm，累计偏差不超过 20mm，除另有说明外地脚螺栓的安装应遵守 GB/T 8564—2003 第 4.4 节规定。

(5) 水泵、滤水器等设备基础，采用预留二期混凝土的，待设备到货，确定地脚螺栓

孔尺寸及分布位置后，再进行二期混凝土基础及预埋件施工，预埋件分布位置、精度等需满足设备基础螺栓孔的尺寸及定位要求，水泵混凝土基础顶部高程可以根据设备安装定位要求进行适当调整。

(6) 固定件安装就位，并经测量检查无误后，应立即进行固定，支垫稳妥，不应松动。

(7) 采用焊接固定时，不得烧伤固定件的工作面，焊接应牢固，无显著变形和位移。

(8) 采用支架固定时，支架应具有足够的强度和刚度。

(9) 在浇筑混凝土、砖砌或回填土时，固定件应保持位置正确、牢固可靠。

(10) 锚筋端部应采用压力埋焊、周边角焊或穿孔塞焊与锚板焊牢。当锚筋直径 d≤20mm 时，宜采用压力埋弧焊；当 d>20mm 时，宜采用穿孔塞焊。所有焊缝均应确保焊接质量并严格检查。

(11) 受拉锚筋（包括直锚筋及弯折锚筋）与锚板水平连接时，应采用双面角焊缝。

(12) 所有埋件均应冷切割，确保边角平整光滑，不得采用电焊、气焊切割。

(13) 预埋板锚筋应与附近结构钢筋焊接牢固，且连接点不少于 3 个，否则应附加固定钢筋。

(14) 预埋件的质量检验及验收应符合《混凝土结构工程施工质量验收规范》（GB 50204—2002）及《钢筋焊接及验收规程》（JGJ 18—2003）的有关规定。

(15) 本图中涉及电站土建、具体设备及管路尺寸、参数的部分，根据电站具体情况确定。

图 9-1　预埋件工艺设计总说明

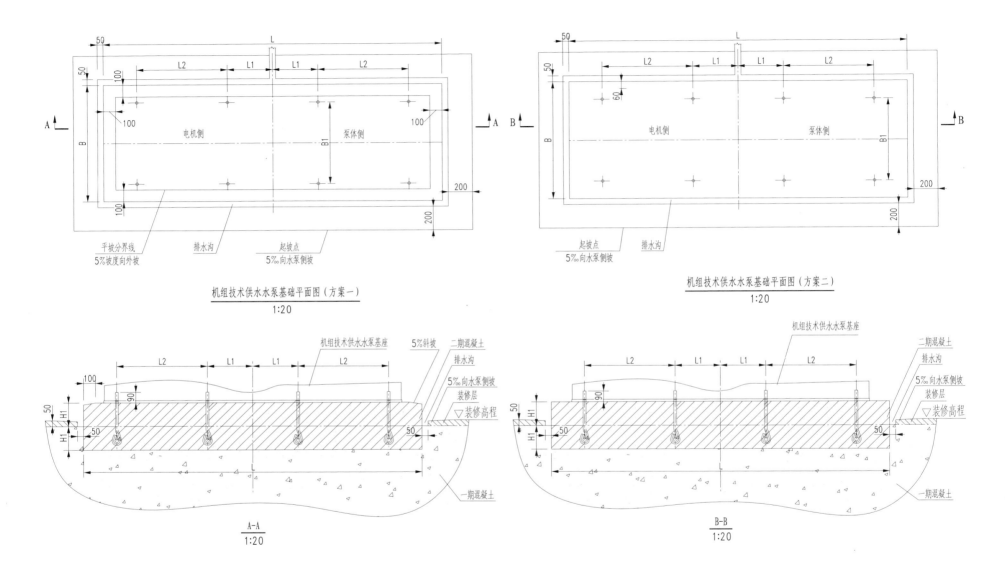

机组技术供水水泵基础平面图（方案一）
1:20

电机侧　　泵体侧

平坡分界线
5%坡度向外坡　　排水沟　　起坡点
5‰向水泵侧坡

机组技术供水水泵基础平面图（方案二）
1:20

电机侧　　泵体侧

起坡点　　排水沟
5‰向水泵侧坡

机组技术供水水泵基座　5%斜坡　二期混凝土
排水沟
5‰向水泵侧坡
装修层
▽装修高程

一期混凝土

A-A
1:20

机组技术供水水泵基座
二期混凝土
排水沟
5‰向水泵侧坡
装修层
▽装修高程

一期混凝土

B-B
1:20

说明：
1.图中高程以m计，尺寸以mm计。
2.方案一水泵基础采用外坡使渗漏水自由散流至排水沟。
3.方案二水泵基础采用水平设计。

图 9-2　技术供水泵预埋件工艺设计图

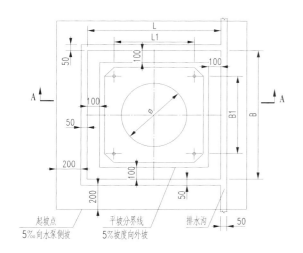

厂房渗漏排水泵基础平面图（方案一）
1:20

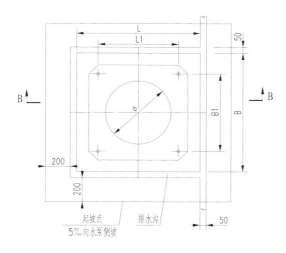

厂房渗漏排水泵基础平面图（方案二）
1:20

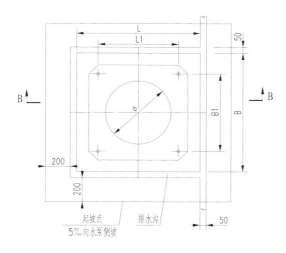

厂房渗漏排水泵基础平面图（方案三）
1:20

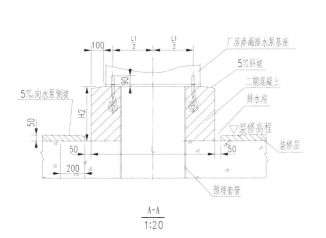

A-A
1:20

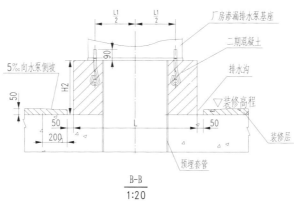

B-B
1:20

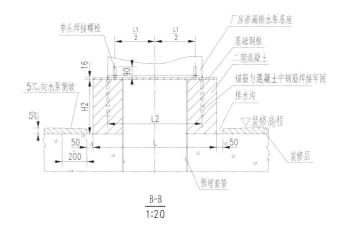

B-B
1:20

说明：

1.图中高程以m计，尺寸以mm计。

2.方案一水泵基础采用外坡使渗漏水自由散流至排水沟。

3.方案二、三水泵基础采用水平设计。

图 9-3　渗漏排水泵预埋件工艺设计图

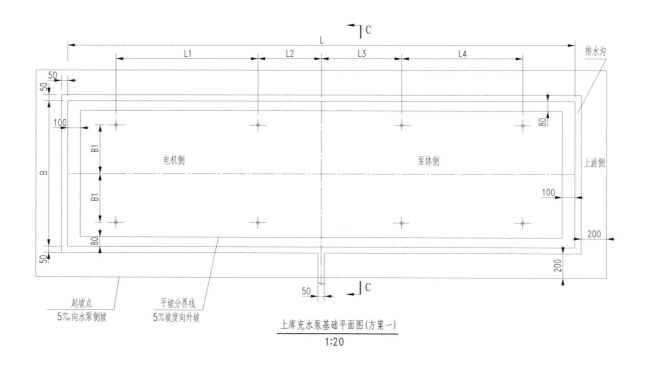

上库充水泵基础平面图(方案一)
1:20

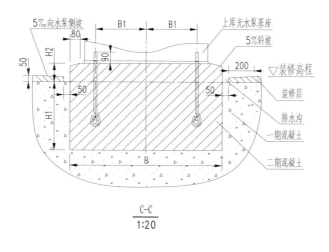

C-C
1:20

说明:
1.图中高程以m计,尺寸以mm计。
2.水泵基础采用外坡使渗漏水自由散流至排水沟。

图9-4　上库充水泵预埋件工艺设计图1

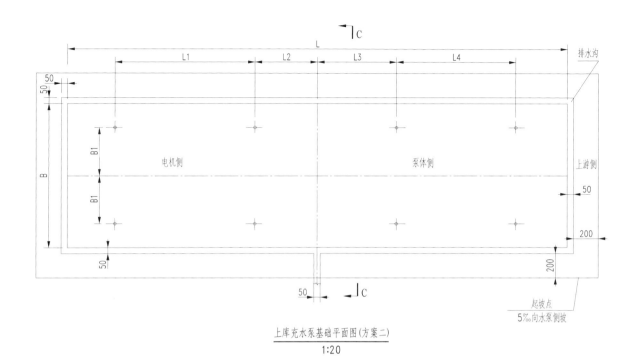

上库充水泵基础平面图(方案二)
1:20

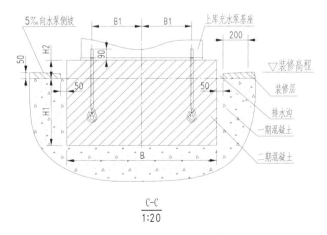

C—C
1:20

说明:
　1.图中高程以m计,尺寸以mm计。
　2.水泵基础采用水平设计。

图 9-5　上库充水泵预埋件工艺设计图 2

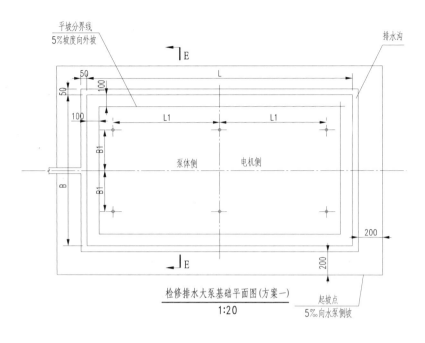

检修排水大泵基础平面图(方案一)
1:20

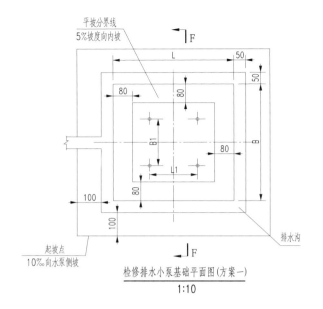

检修排水小泵基础平面图(方案一)
1:10

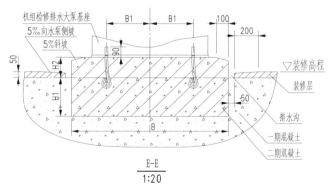

E-E
1:20

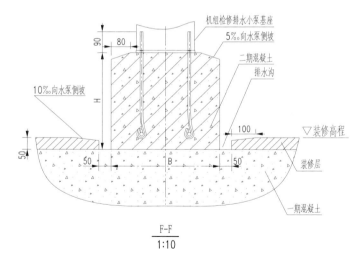

F-F
1:10

说明:

1.图中高程以m计,尺寸以mm计。

2.水泵基础采用外坡使渗漏水自由散流至排水沟。

图 9-6　检修排水泵预埋件工艺设计图 1

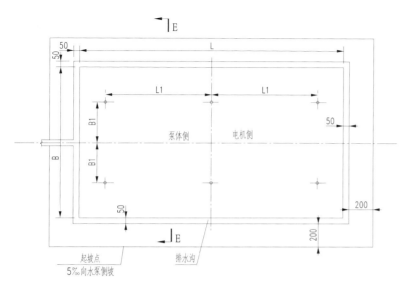

检修排水大泵基础平面图(方案二)
1:20

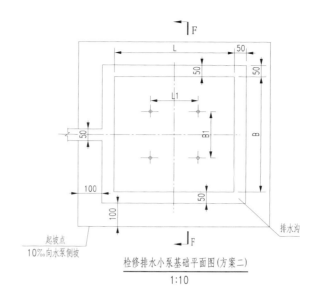

检修排水小泵基础平面图(方案二)
1:10

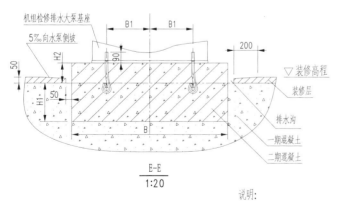

E—E
1:20

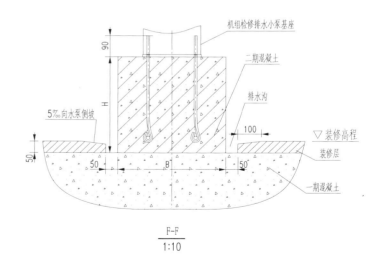

F—F
1:10

说明:

1. 图中高程以m计,尺寸以mm计。

2. 水泵基础采用水平设计。

图9-7 检修排水泵预埋件工艺设计图2

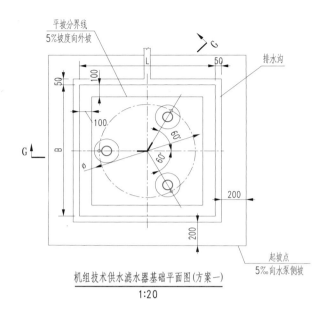

机组技术供水滤水器基础平面图(方案一)
1:20

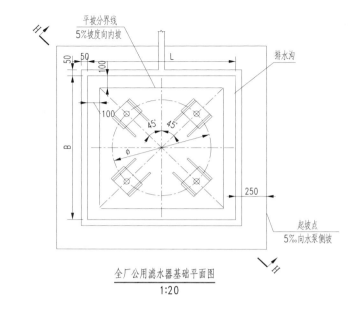

全厂公用滤水器基础平面图
1:20

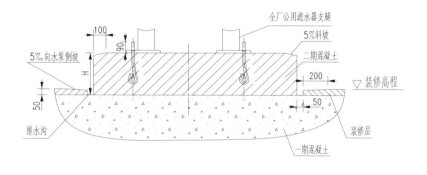

G-G
1:20

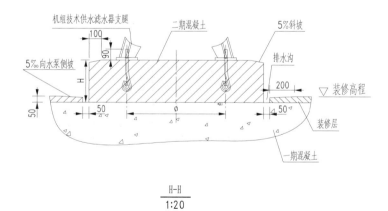

H-H
1:20

说明:

1.图中高程以m计,尺寸以mm计。

2.滤水器基础采用外坡使渗漏水自由散流至排水沟。

图 9-8　滤水器预埋件工艺设计图 1

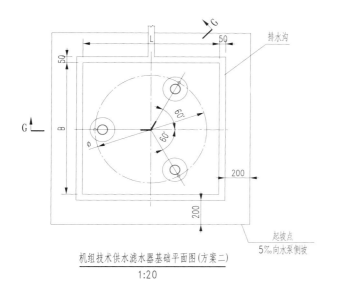

机组技术供水滤水器基础平面图(方案二)
1:20

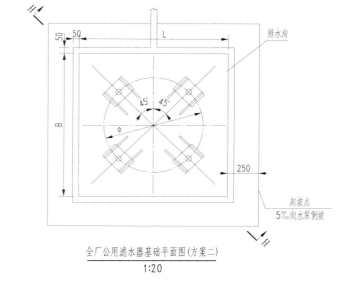

全厂公用滤水器基础平面图(方案二)
1:20

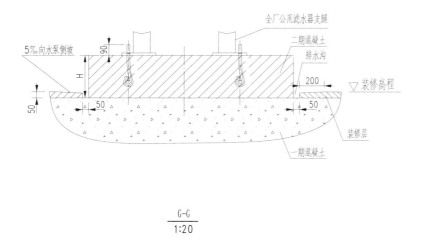

G-G
1:20

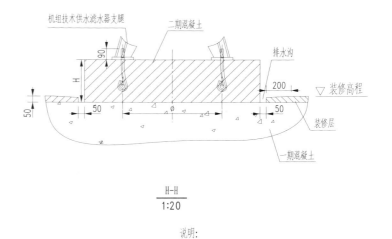

H-H
1:20

说明:

1.图中高程以m计,尺寸以mm计。
2.滤水器基础采用水平设计。

图 9-9　滤水器预埋件工艺设计图 2

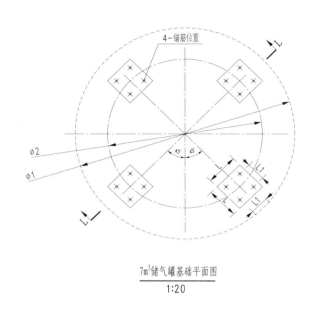

7m³储气罐基础平面图
1:20

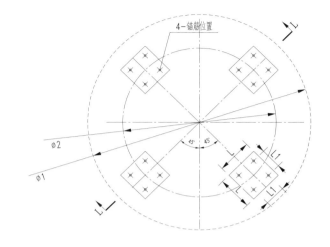

5m³储气罐基础平面图
1:20

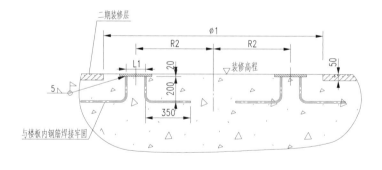

L-L
1:20

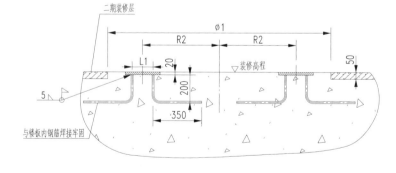

J-J
1:20

说明:
图中高程以m计,尺寸以mm计。

图9-10 7m³及5m³储气罐预埋件工艺设计图

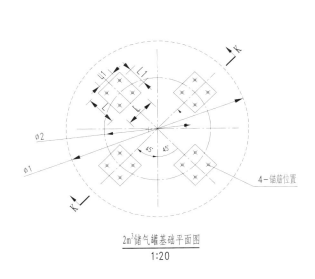

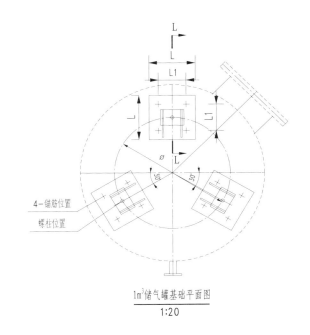

2m³储气罐基础平面图
1:20

1m³储气罐基础平面图
1:20

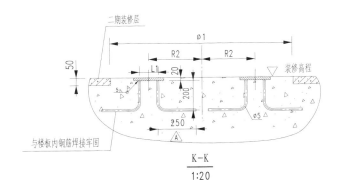

K—K
1:20

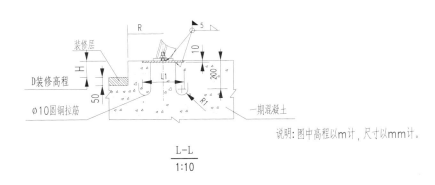

说明：图中高程以m计，尺寸以mm计。

L—L
1:10

图9-11 2m³及1m³储气罐预埋件工艺设计图

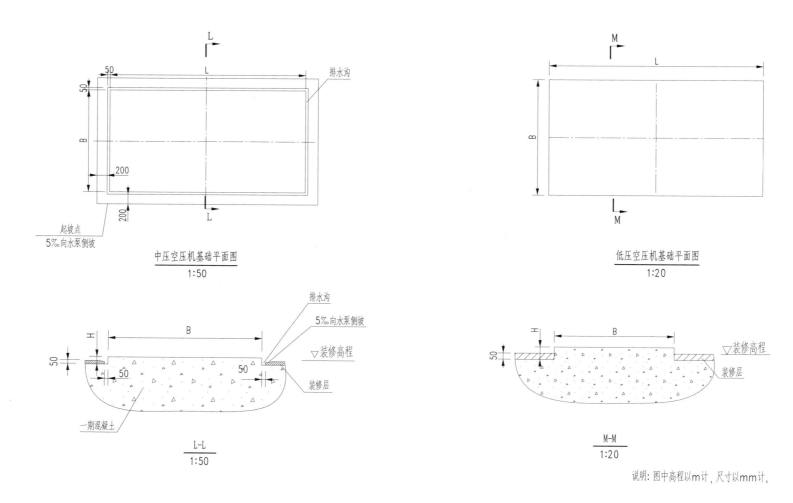

中压空压机基础平面图
1:50

低压空压机基础平面图
1:20

L-L
1:50

M-M
1:20

说明：图中高程以m计，尺寸以mm计。

图 9-12 中压及低压空压机预埋件工艺设计图

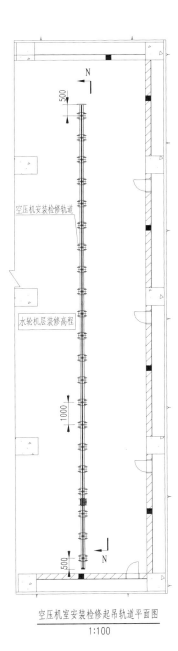

空压机室安装检修起吊轨道平面图
1:100

埋板埋件详见厂房图纸　　空压机安装检修轨道　　现场安装时在每个轨道预埋件和轨道之间设置调整垫片或调整钢管

500　　1000　　500

详图A　　　1 2 3　　　详图C　　　详图B

空压机

水轮机层装修高程

N—N
1:100

说明：

1.图中高程以m计，尺寸以mm计。

2.图中单轨小车等材料规格仅作示例，应根据电站具体情况选择规格。

3.现场安装时在每个轨道预埋件和轨道之间设置调整垫片或调整钢管。

设备材料表

序号	名　　称	规　　格	单位	数量	材料	重量/kg		备　　注
						单重	总量	
1	环链手拉葫芦	HS10，起重量10t	只	1		68	68	
2	手动单轨小车	SDX-3型，起重量10t	台	1		144	144	
3	工字钢	150a	m	21		93.6	1965.4	
4	可拆卸挡板	340×80×20	套	2				
5	六角螺栓	M24×300	只	8				带弹性垫圈及M24螺母

图 9-13　空压机安装检修轨道预埋件工艺设计图 1

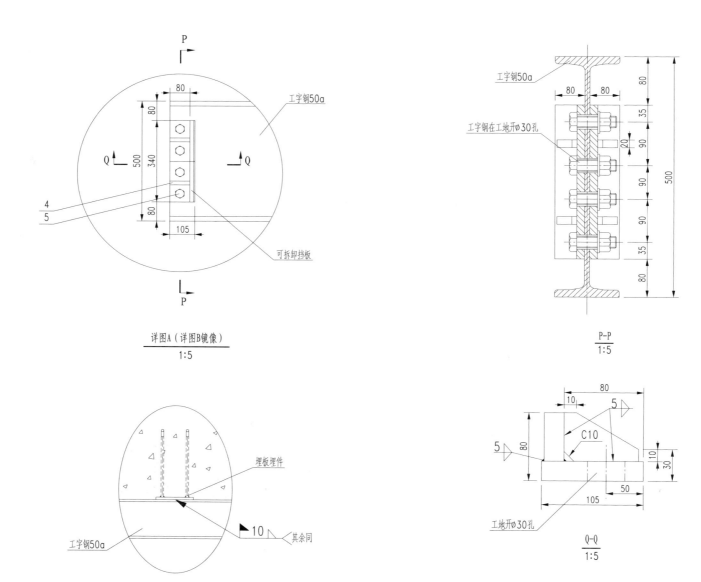

図 9-14 空压机安装检修轨道预埋件工艺设计图 2

第 2 篇 具体工艺设计方案

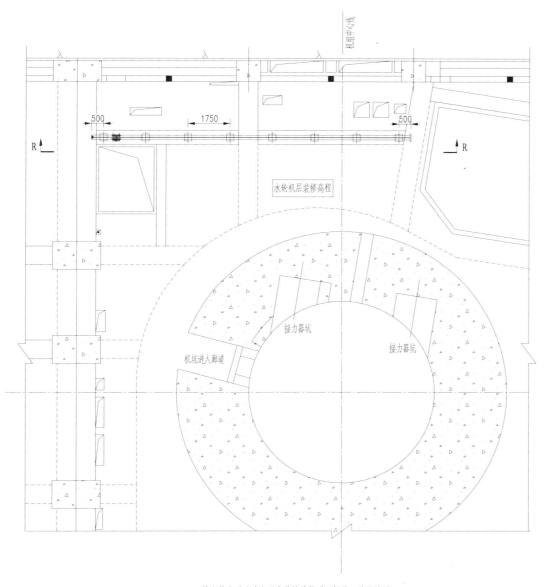

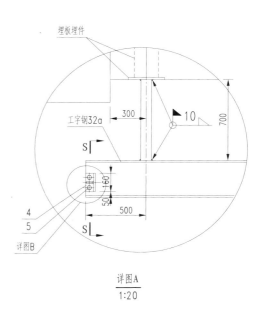

详图A
1:20

技术供水泵及滤水器安装检修轨道预埋件工艺设计图
1:100

图 9-15　技术供水泵及滤水器安装检修轨道预埋件工艺设计图 1

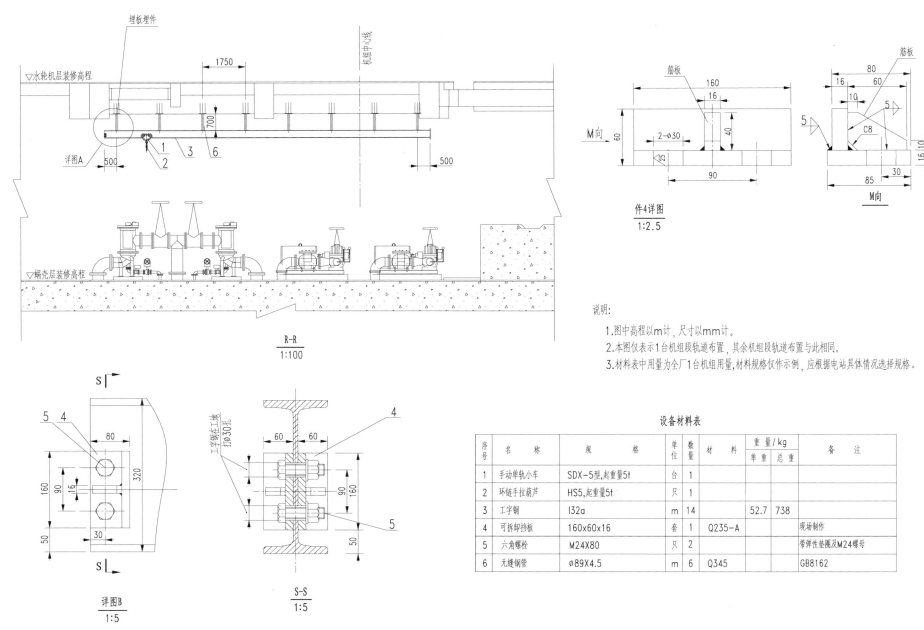

说明:
1. 图中高程以m计，尺寸以mm计。
2. 本图仅表示1台机组段轨道布置，其余机组段轨道布置与此相同。
3. 材料表中用量为全厂1台机组用量，材料规格仅作示例，应根据电站具体情况选择规格。

设备材料表

序号	名称	规格	单位	数量	材料	重量/kg 单重	重量/kg 总重	备注
1	手动单轨小车	SDX-5型,起重量5t	台	1				
2	环链手拉葫芦	HS5,起重量5t	只	1				
3	工字钢	I32a	m	14		52.7	738	
4	可拆卸挡板	160x60x16	套	1	Q235-A			现场制作
5	六角螺栓	M24X80	只	2				带弹性垫圈及M24螺母
6	无缝钢管	φ89X4.5	m	6	Q345			GB8162

图 9-16 技术供水泵及滤水器安装检修轨道预埋件工艺设计图2

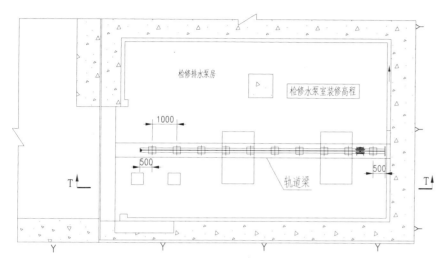

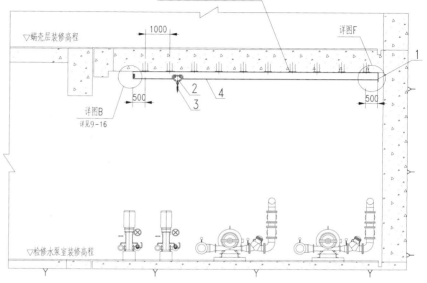

现场安装时在每个轨道预埋件和
轨道之间设置调整垫片或调整钢管

检修排水泵安装检修轨道预埋件工艺设计图
1:100

T—T
1:100

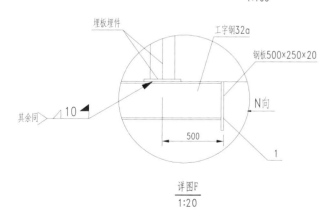

详图F
1:20

说明:
1.图中高程以m计, 尺寸以mm计。
2.图中单轨小车等材料规格仅作示例, 应根据电站具体情况选择规格。
3.现场安装时在每个轨道预埋件和轨道之间设置调整垫片或调整钢管。

设备材料表

序号	名　　称	规　　格	单位	数量	材料	重量/kg 单重	重量/kg 总重	备　注
1	钢板	410x250x20	块	1				
2	手动单轨小车	SDX-5型,起重量5t	台	1				
3	环链手拉葫芦	HS5,起重量5t	只	4				
4	工字钢	I32a	m	10.5		52.7	553.4	
5	可拆卸挡板	160x60x16	块	1	Q235-A			现场制作
6	筋板		块	1	Q235-A			现场制作
7	六角螺栓	M24X80	只	2				带弹性垫圈及M24螺母

N向
1:10

图 9-17　检修排水泵安装检修轨道预埋件工艺设计图

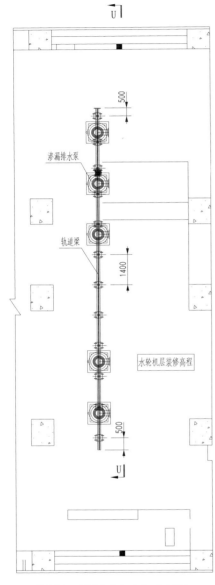

检修排水泵安装检修轨道预埋件工艺设计图
1:100

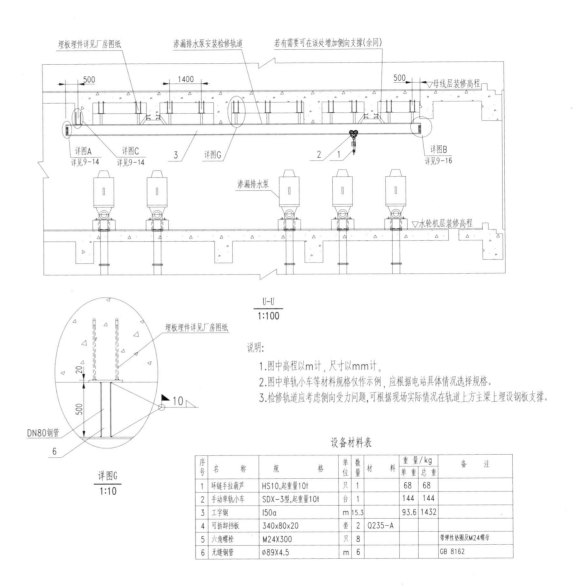

U-U
1:100

详图G
1:10

说明:
1. 图中高程以m计,尺寸以mm计。
2. 图中单轨小车等材料规格仅作示例,应根据电站具体情况选择规格。
3. 检修轨道应考虑侧向受力问题,可根据现场实际情况在轨道上方主梁上埋设钢板支撑。

设备材料表

序号	名　称	规　格	单位	数量	材料	重量/kg		备　注
						单重	总重	
1	环链手拉葫芦	HS10,起重量10t	只	1		68	68	
2	手动单轨小车	SDX-3型,起重量10t	台	1		144	144	
3	工字钢	I50a	m	15.3		93.6	1432	
4	可拆卸挡板	340x80x20	套	2	Q235-A			
5	六角螺栓	M24X300	只	8				零弹性垫圈及M24螺母
6	无缝钢管	φ89X4.5	m	6				GB 8162

图 9-18　渗漏排水泵安装检修轨道预埋件工艺设计图

第 2 部分　电　气

设计图目录见表9-2。

表 9-2

设 计 图 目 录

序号	图　名	图　号
1	预埋件工艺设计总说明	图 9-19
2	盘柜基础预埋件图	图 9-20
3	母线洞检修用吊钩、侧墙吊钩预埋件图	图 9-21
4	主变洞轨道预埋件图	图 9-22
5	GIS 轨道预埋件图	图 9-23
6	主变基础预埋件图	图 9-24
7	桥架预埋件图	图 9-25
8	主变运输拉锚预埋件详图	图 9-26
9	其他预埋件图	图 9-27

1. 相关标准

预埋件的施工工艺应符合以下标准的要求：

(1) 抽水蓄能电站工程工艺设计导则。

(2) 抽水蓄能电站工程建设补充规定。

(3)《水轮发电机组安装技术规范》（GB/T 8564—2003）。

(4)《电气装置安装工程盘、柜及二次回路接线施工及验收规范》（GB 50171—2012）。

(5)《电气装置安装工程电缆线路施工及验收规范》（GB 50168—2006）。

2. 预埋件技术要求

(1) 基础预埋件材质要求。

1) 锚筋：采用 HPB300、HRB400 级钢筋，不得采用冷加工钢筋。

2) 钢板及型钢：采用 Q235、Q345 级钢。

3) 螺栓：采用 5.5 级普通螺栓，符合 GB/T 5780 的规定。

(2) 预埋件材料及配件在运输、搬运过程中不得损伤，并分类妥善储存。

(3) 预埋件埋设前，应进行清理，清除其内、外表面被沾染的污物。

(4) 预埋件应配合土建施工同时进行埋设和安装。

(5) 电站各处的预埋件原则上不采用膨胀螺栓固定，应采用二期混凝土预埋。

(6) 预埋件各部分尺寸要求制作准确，锚板尺寸宜采用负公差，以便放入模板内。

(7) 除特别说明外，单个预埋件高程方向绝对偏差不大于 3mm，水平方向绝对偏差不

大于 5mm；成排或成组布置的预埋件除满足上述要求外，任意两块预埋件之间在高程方向的相对偏差不大于 5mm，在水平方向相对偏差不大于 8mm。

(8) 除规定的镀锌金属部件外，其余所有金属部件均应做好防腐防锈处理。其基体金属表面清洁度等级不低于 Sa2.5 级，粗糙度 Ry 值在 40～70μm，防腐涂漆要求如下。

1) 底漆采用环氧富锌漆一道，漆膜厚度为 40μm。

2) 中间漆采用环氧云铁漆一道，漆膜厚度为 40μm。

3) 面漆采用聚氨酯面漆一道，漆膜厚度为 40μm。

(9) 锚筋与锚板应采用 T 形焊接。当锚筋受拉时，穿孔塞焊；锚筋受压、受剪时，采用角焊。

HPB300 锚筋的焊缝高度不小于 0.5d，HRB400 锚筋的焊缝高度不小于 0.6d，且均不小于 6mm。所有焊缝均应确保焊接质量并严格检查。

(10) 受拉锚筋（包括直锚筋及弯折锚筋）与锚板水平连接时，应采用双面焊，搭接长度不小于 5d。

(11) 所有埋管、埋件均应冷切割，确保边角平整光滑，不得采用电焊、气焊切割。

(12) 预埋板锚筋应与附近结构钢筋焊接，且连接点不少于 3 个，否则应附加固定钢筋。

(13) 预埋件的质量检验及验收应符合《混凝土结构工程施工质量验收规范》（GB 50204—2002）、《钢筋焊接及验收规程》（JGJ 18—2003）及其他相关规程规范的有关规定。

图 9-19　预埋件工艺设计总说明

埋 件 编 号		①	②
埋件	钢板 b×d×t/mm	150×150×16	100×100×10
尺寸	镀锌槽钢 h×b×d/mm	100×48×5.3	63×40×4.8

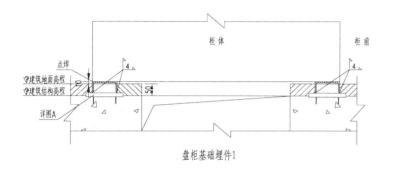

盘柜基础埋件1

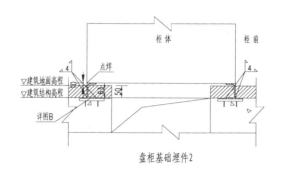

盘柜基础埋件2

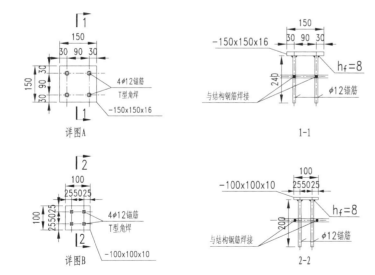

说明:
1.图中未注明的尺寸单位为mm。
2.盘柜基础埋件图1适用于尺寸较大、荷载较重、基础及埋件布置空间充裕的盘柜的安装,埋件图2适用于盘柜尺寸较小、荷载较轻、盘柜基础布置空间紧张的盘柜的安装。

图 9-20 盘柜基础预埋件图

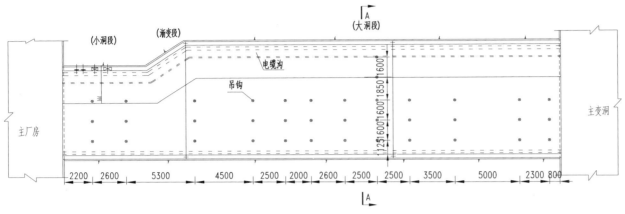

母线洞IPB检修用埋件布置

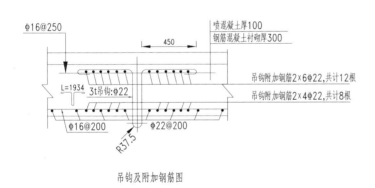

吊钩及附加钢筋图

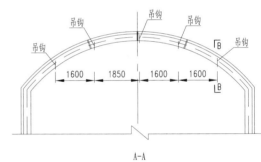

A—A

说明:
1. 图中尺寸单位为mm。
2. 本图适用于母线洞IPB检修用埋件布置安装,预埋件定位可根据设备布置调整。
3. IPB及其相关设备所用安装支持结构的布置安装详见IPB厂家图纸。
4. 每个吊环承受的吊重不超过3t。

图 9-21 母线洞检修用吊钩、侧墙吊钩预埋件图

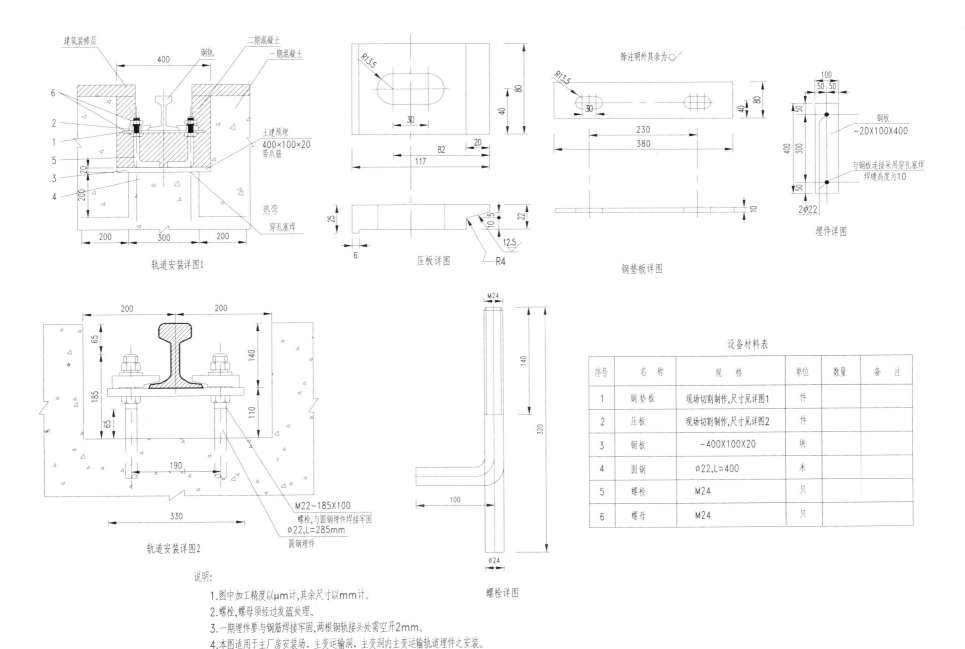

说明:
1. 图中加工精度以μm计,其余尺寸以mm计。
2. 螺栓,螺母须经过发蓝处理。
3. 一期埋件要与钢筋焊接牢固,两根钢轨接头处需空开2mm。
4. 本图适用于主厂房安装场、主变运输洞、主变洞内主变运输轨道埋件之安装。

图9-22 主变洞轨道预埋件图

设备材料表

序号	名 称	规 格	单位	数量	备 注
1	钢垫板	现场切割制作,尺寸见详图1	件		
2	压板	现场切割制作,尺寸见详图2	件		
3	钢板	-400X100X20	块		
4	圆钢	φ22,L=400	米		
5	螺栓	M24	只		
6	螺母	M24	只		

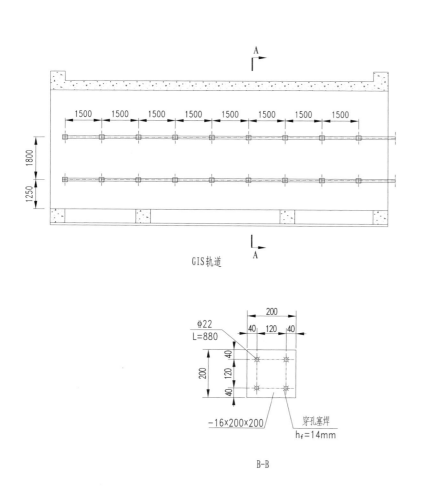

GIS轨道

B-B

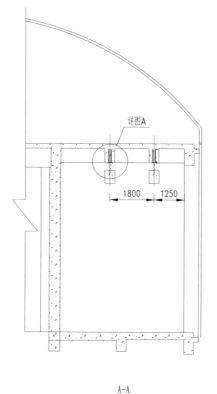

A-A

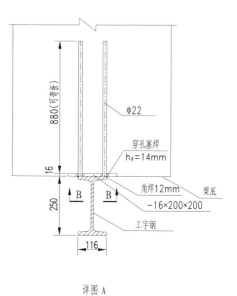

详图 A

说明:
    1.图中尺寸单位为mm。
    2.安装时要保证工字钢底面处于水平。
    3.本图适用于主变洞GIS层天花板下GIS吊装轨道埋件之安装。

图 9-23　GIS轨道预埋件图

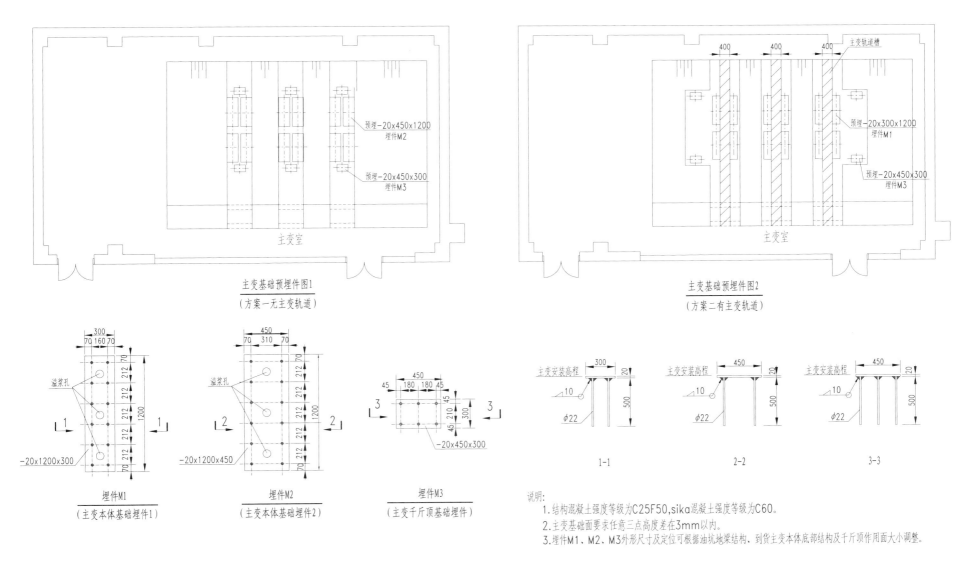

图 9-24　主变基础预埋件图

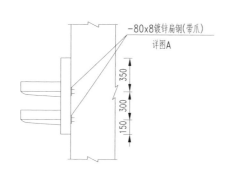

侧墙桥架埋件示意图

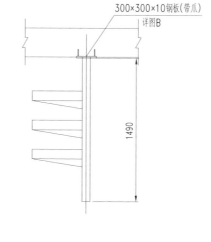

顶部桥架埋件示意图

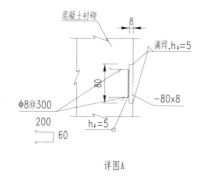

详图A

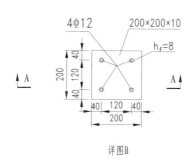

详图B

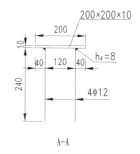

A-A

图 9-25　桥架预埋件图

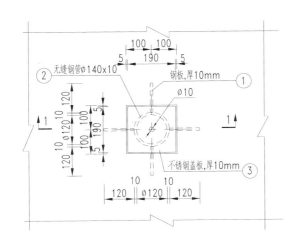

主变拉锚平面图(地面式)

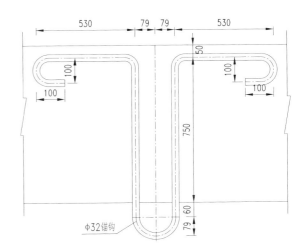

拉锚孔周边加强筋平面图

主变拉锚详图(混凝土柱内)

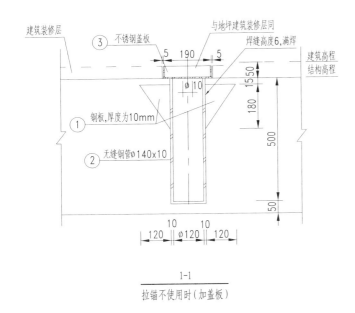

1—1
拉锚不使用时(加盖板)

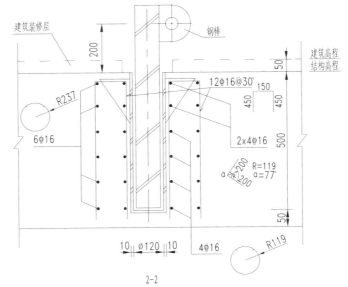

2—2

图 9-26　主变运输拉锚预埋件详图

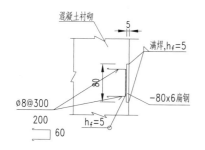

桥机滑线埋件示意图

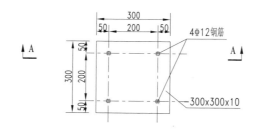

启动母线及发电机电压回路设备预埋钢板示意图

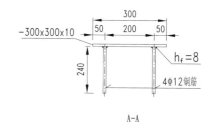

A-A

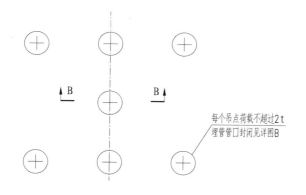

每个吊点荷载不超过2 t
埋管管口封闭见详图B

主变洞吊具埋件图

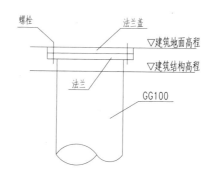

B-B

说明:
1.图中尺寸单位为mm。
2.主变室吊具埋件亦可参照GIS吊装轨道埋件设计。

图 9-27 其他预埋件图

第 2 篇 具体工艺设计方案

第 10 章　止 水 铜 片 工 艺 设 计

设计图目录见表 10-1。

表 10-1　　　　　　　　　　　　　　　　　　设 计 图 目 录

序号	图　　名	图　　号
1	止水铜片设计总说明	图 10-1
2	混凝土面板止水结构典型剖面图	图 10-2～图 10-3
3	混凝土趾板及重力板横缝止水结构典型剖面图	图 10-4
4	引水隧洞及主厂房止水铜片设计图	图 10-5
5	止水铜片标准剖面图	图 10-6
6	止水铜片异型接头图	图 10-7～图 10-9

1. 编制依据

(1)《铜及铜合金带材》(GB/T 2059—2008)。

(2)《加工铜及铜合金板带材外形尺寸及允许偏差》(GB/T 17793—2010)。

(3)《水工建筑物止水带技术规范》(DL/T 5215—2005)。

(4)《混凝土面板堆石坝接缝止水技术规范》(DL/T 5115—2008)。

(5)《水工混凝土施工规范》(DL/T 5144—2001)。

(6)《混凝土面板堆石坝设计规范》(DL/T 5016—2011)。

(7)《混凝土面板堆石坝施工规范》(DL/T 5128—2009)。

2. 适用范围

本图册适用于抽水蓄能电站混凝土面板堆石坝、引水隧洞及厂房结构缝的铜止水结构。

3. 设计要点

面板、趾板、防浪墙的接缝应形成连续密封的止水系统。

4. 材料选用

(1)止水铜片应符合国家标准或行业标准,如有特殊要求时,应提出具体指标。

(2)止水铜片,根据工程需要,应通过国家计量认证的检验机构检验。

(3)铜片止水带的厚度宜为 0.8~1.2mm。

(4)宜选用软态的纯铜带加工止水带,其物理力学指标应符合下表要求,检测方法应按照 GB/T 2059 所规定的方法进行。

5. 施工要求

(1)因各种原因,止水设施容易破坏,止水应进行保护。止水带的保护应设计要求施工,止水带保护罩有金属抽屉式和木盒式,各工程可视具体条件选用。由于周边缝止水保护罩会影响碾压,应尽量减少保护罩的尺寸。

(2)铜传热快,高温易氧化和流动,焊接较难。要提高焊接质量,必须进行焊接试验,以此确定满足焊接质量要求的焊接工艺和焊料。

6. 技术要求

(1)混凝土面板接缝止水材料及其施工方法应满足《混凝土面板堆石坝接缝止水技术规范》(DL/T 5115—2008)及本图要求。

(2)止水铜片施工工艺应符合有关规范及生产厂家技术要求。

(3)混凝土面板结构缝止水铜片的异型接头有"T"型和"∠"型接头两种,接头需整体冲压成型,成型后的接头不应有机械加工引起的裂纹或孔洞等缺陷,并应进行退火处理。

(4)施工时应尽量减少止水铜片的接头,止水铜片要求采用卷材,在工作面附近按设计形状、尺寸,采用专门成型机整体挤压成型。

(5)止水铜片的连接采用对缝焊接或搭接焊接,对缝焊接应采用单面双层焊接,必要时可在对缝焊接后,利用相同止水带形状和宽度不小于60mm贴片。对称焊接在接缝两侧的止水带上。搭接焊宜采用双面焊接,搭接长度应大于20mm。焊接宜采用黄铜焊条气焊。焊接时应对垫片左防火、防溶蚀保护。

(6)焊接应保证质量,焊接接头表面应平整光滑、无孔洞、裂隙、漏焊、不渗水,应抽样检查接头的焊接质量,可采用煤油或其他液体做渗透试验检验。

(7)止水带要确保鼻子中线对准缝中线,安装完毕后,应经验收合格,才允许下一道工序施工。

(8)止水带附近混凝土浇筑时,应指定有经验的施工人员进行铺料、振捣,并有止水带埋设人员监护。在铺料时对止水带两侧各50cm范围内应辅以人工剔除大于20cm的骨料,振捣时严禁将振捣棒触及止水带。

(9)止水铜片安装后,应采取措施固定牢固,使位置符合设计要求,其误差不超过允许偏差,安装就位后,周边缝铜止水片鼻子顶部应涂刷一薄层沥青乳剂。周边缝止水施工过程中应严加注意保护,图中设计了周边缝止水木料保护罩,供施工单位参考。保护罩应在趾板砼浇筑达到至少10d龄期强度时施工。

(10)止水铜片鼻子用氯丁橡胶棒和聚氨脂泡沫塑料填塞,并用胶带纸封闭,止水片的立腿应彻底清擦干净,两平段端部也应采取临时保护措施,用聚氨酯泡沫塑料填塞,胶带纸封闭,阻止水泥浆流入。

(11)混凝土面板坝周边缝、垂直缝、防浪墙底缝、防浪墙结构缝等型式的止水紫铜片厚度均为 1.0mm。

(12)整体冲压异形接头、重力坝横缝、主厂房机组间、引水隧洞衬砌的止水紫铜片厚度均为 1.2mm。

止水紫铜片物理力学指标

项目	单位	指标要求
抗拉强度	MPa	≥205
延伸率	%	≥30
冷弯		冷弯180°不出现裂缝,在0°~60°范围内连续张闭50次不出现裂缝
比重	g/cm³	8.89
熔点	℃	1084.5

止水紫铜片制作及安装允许偏差

项目		允许偏差/mm
制作成型偏差	宽度	±5
	鼻子或立腿高度	±3
安装偏差	中心线与设计线偏差	±5
	两侧平段倾斜偏差	±5

说明:1. 本图一套共9张,本张图纸为相关说明及技术要求。

2. 图中尺寸单位除注明外均以 cm 计。

图 10-1　止水铜片设计总说明

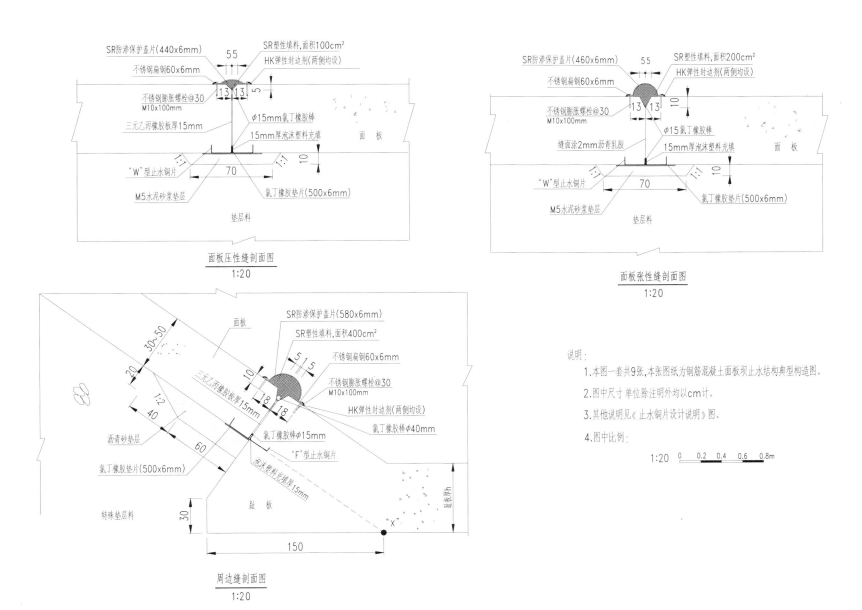

面板压性缝剖面图
1:20

面板张性缝剖面图
1:20

周边缝剖面图
1:20

说明：

1.本图一套共9张，本张图纸为钢筋混凝土面板坝止水结构典型构造图。

2.图中尺寸单位除注明外均以cm计。

3.其他说明见《止水铜片设计说明》图。

4.图中比例：

1:20 0 0.2 0.4 0.6 0.8m

图 10-2　混凝土面板止水结构典型剖面图 1

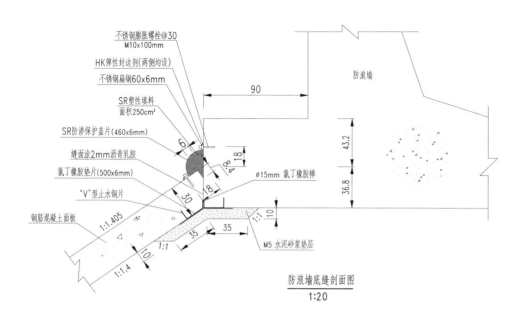

防浪墙底缝剖面图
1:20

不锈钢膨胀螺栓@30 M10x100mm
HK弹性封边剂(两侧均设)
不锈钢扁钢60x6mm
SR塑性填料 面积250cm²
SR防渗保护盖片(460x6mm)
缝面涂2mm沥青乳胶
氯丁橡胶垫片(500x6mm)
"V"型止水铜片
钢筋混凝土面板
ø15mm 氯丁橡胶棒
M5 水泥砂浆垫层
防浪墙

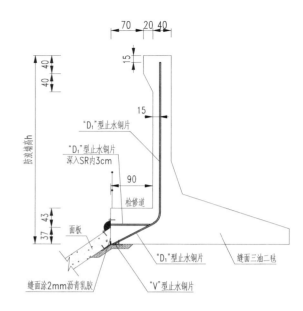

放浪墙伸缩缝止水构造图
1:50

防浪墙墙高h
"D₁"型止水铜片
"D₁"型止水铜片 深入SR内3cm
检修道
面板
缝面涂2mm沥青乳胶
"D₁"型止水铜片
"V"型止水铜片
缝面三油二毡

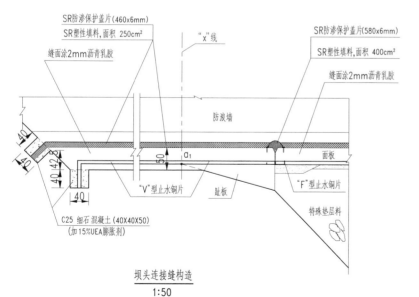

坝头连接缝构造
1:50

SR防渗保护盖片(460x6mm)
SR塑性填料,面积 250cm²
缝面涂2mm沥青乳胶
"X"线
SR防渗保护盖片(580x6mm)
SR塑性填料,面积 400cm²
缝面涂2mm沥青乳胶
防浪墙
面板
"V"型止水铜片
趾板
"F"型止水铜片
特殊垫层料
C25 细石混凝土 (40X40X50)
(加15%UEA膨胀剂)

说明:

1.本图一套共9张,本张图纸为混凝土面板止水结构典型构造图。

2.图中尺寸单位除注明外均以cm计。

3.其他说明见《止水铜片设计说明》图。

4.图中比例:

1:50   0   0.5   1.0   1.5   2.0m

1:20   0   0.2   0.4   0.6   0.8m

1:10   0   0.1   0.2   0.3   0.4m

图 10-3　混凝土面板止水结构典型剖面图 2

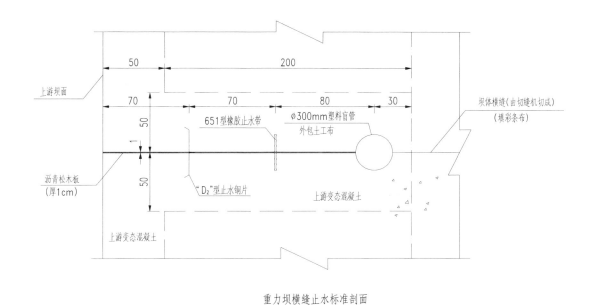

上游坝面

50 200

70 70 80 30

50

1

50

651型橡胶止水带

Ø300mm塑料盲管
外包土工布

沥青松木板
(厚1cm)

"D₂"型止水铜片

上游变态混凝土

坝体横缝(由切缝机切成)
(填彩条布)

上游变态混凝土

重力坝横缝止水标准剖面
1:20

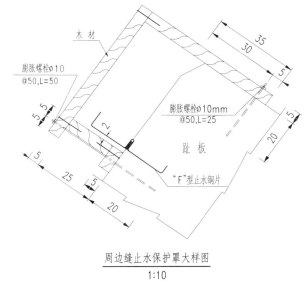

木 材

膨胀螺栓Ø10
@50,L=50

35

30

5

5 5

2

膨胀螺栓Ø10mm
@50,L=25

趾 板

5

20

5

5
25
5
20

"F"型止水铜片

周边缝止水保护罩大样图
1:10

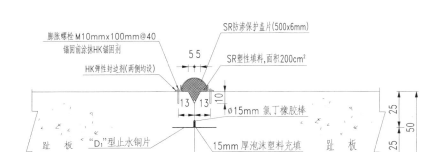

膨胀螺栓 M10mmx100mm@40
锚固前涂抹HK锚固剂

5 5

HK弹性封边胶(两侧均设)

13 13

SR防渗保护盖片(500x6mm)

SR塑性填料,面积200cm²

10

Ø15mm 氯丁橡胶棒

趾 板

"D₁"型止水铜片

15mm厚泡沫塑料充填

趾 板

25

50

25

缝面涂2mm沥青乳胶

趾板缝剖面
1:20

说明：

1.本图一套共9张,本张图纸为混凝土趾板缝、重力坝横缝止水止水结构典型构造图。

2.图中尺寸单位除注明外均以cm计。

3.其他说明见《止水铜片设计说明》图。

4.图中比例：

1:5   0 0.05 0.10 0.15 0.20m

图10-4 混凝土趾板及重力板横缝止水结构典型剖面图

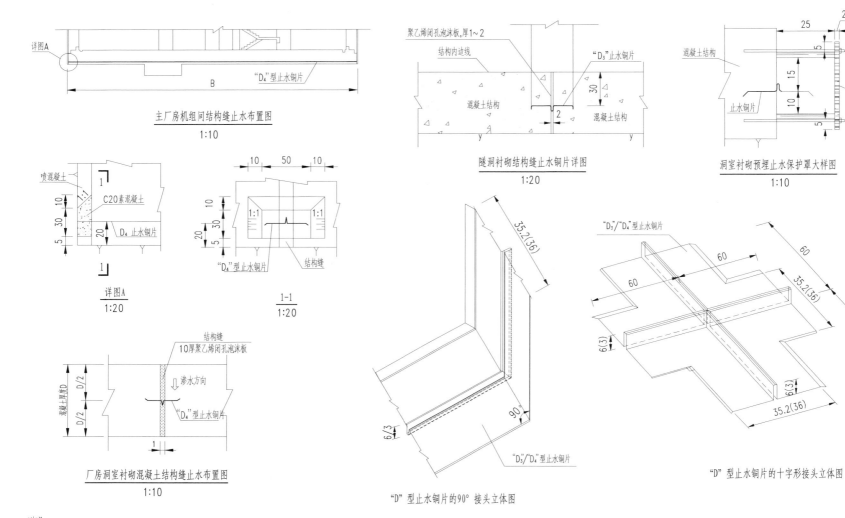

主厂房机组间结构缝止水布置图
1:10

详图A
1:20

1-1
1:20

厂房洞室衬砌混凝土结构缝止水布置图
1:10

隧洞衬砌结构缝止水铜片详图
1:20

洞室衬砌预埋止水保护罩大样图
1:10

"D"型止水铜片的90°接头立体图

"D"型止水铜片的十字形接头立体图

说明：

1. 本图一套共9张，本张图纸为引水隧洞及主厂房止水结构典型构造图。

2. 图中尺寸单位除注明外均以cm计。

3. 对于通道部位及施工过程容易碰坏部位止水铜片应及时设止水保护罩。

4. 其他说明见《止水铜片设计说明》图。

5. 图中比例：

1:20   0   0.2   0.4   0.6   0.8m

1:10   0   0.1   0.2   0.3   0.4m

1:5   0   0.05 0.10 0.15 0.20m

图 10-5　引水隧洞及主厂房止水铜片设计图

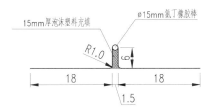

"D₁"型止水铜片(展开宽度50)
(防浪墙结构缝)1:5

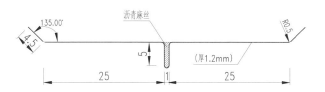

"D₂"型止水铜片(展开宽度70)
(重力坝横缝)1:5

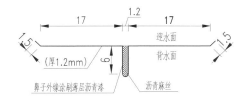

"D₃"型止水铜片(展开宽度50)
(隧洞衬砌结构缝)1:5

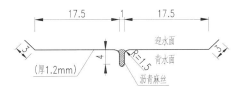

"D₄"型止水铜片(展开宽度50)
(厂房洞室衬砌结构缝)1:5

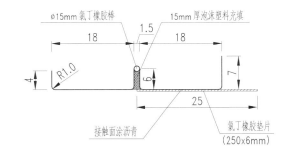

"F"型止水铜片(展开宽度60)
(周边缝)1:5

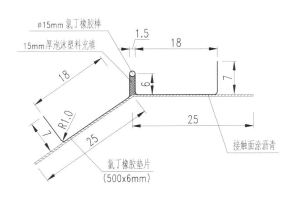

"V"型止水铜片(展开宽度63)
(防浪墙底缝)1:5

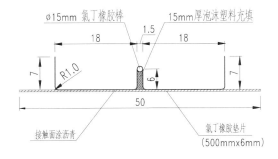

"W"型止水铜片(展开宽度63)
(面板垂直缝)1:5

说明:

1.本图一套共9张,本张图纸为混凝土面板、重力坝、引水隧洞及主厂房止水铜片止水。

2.图中尺寸单位除注明外均以cm计。

3.其他说明见《止水铜片设计说明》图。

4.图中比例:

1:5   0   0.05 0.10 0.15 0.20m

图 10-6 止水铜片标准剖面图

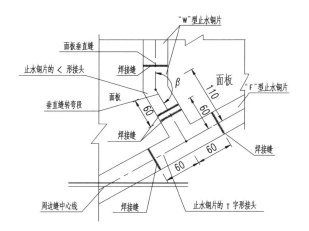

周边缝铜片接头1
1:40

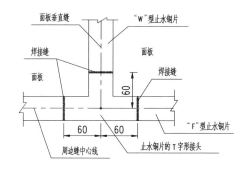

周边缝铜片接头2
1:40

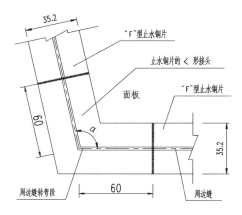

周边缝铜片接头3
1:20

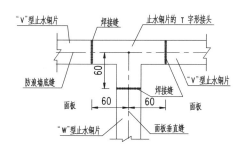

防浪墙底缝铜片接头1
1:40

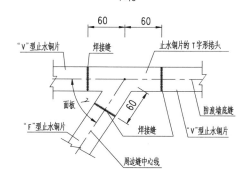

防浪墙底缝铜片接头2
1:40

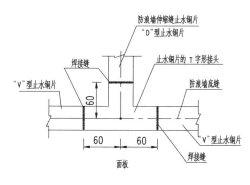

防浪墙底缝铜片接头3
1:40

说明：

1.本图一套共9张,本张图纸为混凝土面板止水异型接头。

2.图中尺寸单位除注明外均以cm计。

3.其他说明见《止水铜片设计说明》图。

4.图中比例：

1:40　0　0.4　0.8　1.2　1.6m

1:20　0　0.2　0.4　0.6　0.8m

图10-7　止水铜片异型接头图1

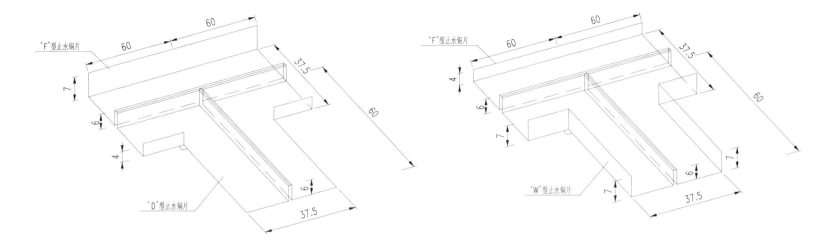

"D"、"F"型止水铜片的T字形接头立体图
(周边缝与趾板缝) 1:10

"F"、"W"型止水铜片的T字形接头立体图
(周边缝与面板垂直缝) 1:10

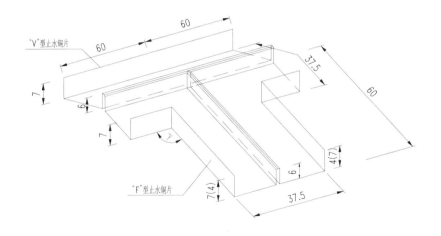

"V"、"F"型止水铜片的T字形接头立体图
(防浪墙底缝与周边缝) 1:10

说明:

1.本图一套共9张,本张图纸为混凝土面板止水异型接头。

2.图中尺寸单位除注明外均以cm计。

3.其他说明见《止水铜片设计说明》图。

4.图中比例:

1:10 0 0.1 0.2 0.3 0.4m

图10-8 止水铜片异型接头图2

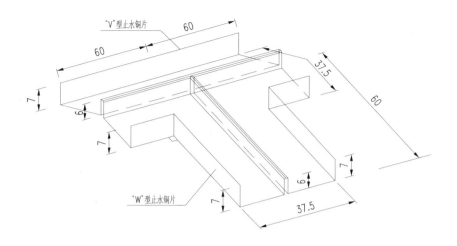

"V"、"W"型止水铜片的T字形接头立体图
(防浪墙底缝与面板垂直缝) 1:10

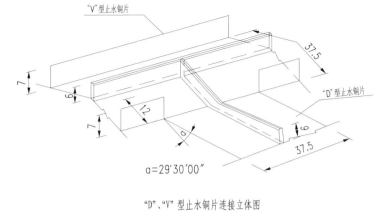

"D"、"V"型止水铜片连接立体图
(防浪墙伸缩缝与防浪墙底缝) 1:10

a=29°30′00″

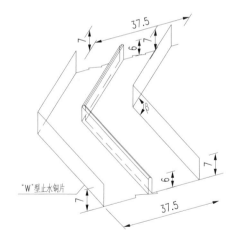

"W"型止水铜片的<形接头立体图
1:10

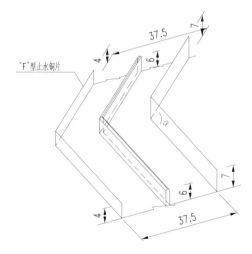

"F"型止水铜片的<形接头立体图
1:10

说明：

1.本图一套共9张,本张图纸为混凝土面板止水异型接头。

2.图中尺寸单位除注明外均以cm计。

3.其他说明见《止水铜片设计说明》图。

4.图中比例：

1:10   0 0.1 0.2 0.3 0.4m

图 10-9　止水铜片异型接头图 3

第11章 接地工艺设计

设计图目录见表 11 - 1。

表 11 - 1   设 计 图 目 录

序号	图　　名	图　　号
1	接地工艺设计总说明	图 11 - 1
2	接地工艺设计图	图 11 - 2 ~ 图 11 - 15
3	上库进/出水口接地布置工艺设计图	图 11 - 16
4	引水隧洞接地布置工艺设计图	图 11 - 17
5	500kV 开关站接地布置工艺设计图	图 11 - 18
6	地下其他洞室接地布置工艺设计图	图 11 - 19
7	下库接地布置工艺设计图	图 11 - 20
8	地下厂房接地布置工艺设计图	图 11 - 21
9	地面建筑接地布置工艺设计图	图 11 - 22

1. 相关标准

接地的施工应符合以下标准的要求：

（1）抽水蓄能电站工程工艺设计导则。

（2）抽水蓄能电站工程建设补充规定。

（3）《电气装置安装工程接地装置施工及验收规范》（GB 50169—2006）。

（4）《交流电气装置的接地设计规范》（GB/T 50065—2011）。

（5）《建筑物防雷设计规范》（GB 50057—2010）。

（6）《水力发电厂接地设计技术导则》（DL/T 5091—1999）。

（7）《建筑物电子信息系统防雷技术规范》（GB 50343—2012）。

2. 接地工艺设计技术要求

（1）电站内电力装置或设备的下列部分（给定点）应接地

1）有效接地系统中部分变压器的中性点和有效接地系统中部分变压器、谐振接地、谐振-低电阻接地、低电阻接地以及高电阻接地系统的中性点所接设备的接地端子；

2）高压并联电抗器中性点接地电抗器的接地端子；

3）电机、变压器和高压电器等的底座和外壳；

4）发电机中性点柜的外壳、发电机出线柜、封闭母线的外壳和变压器、开关柜等（配套）的金属母线槽等；

5）SF$_6$全封闭组合电器（GIS）与大电流封闭母线外壳以及电气设备箱柜的金属外壳；

6）配电、控制和保护用的屏（柜、箱）等的金属框架；

7）箱式变电站和环网柜的金属箱体等；

8）发电厂、变电站电缆沟和电缆隧道内，以及地上各种电缆金属支架等；

9）屋内外配电装置的金属架构和钢筋混凝土架构，以及靠近带电部分的金属围栏和金属门；

10）电力电缆接线盒、终端盒的外壳，电力电缆的金属护套或屏蔽层，穿线的钢管和电缆桥架等；

11）装有地线的架空线路杆塔；

12）装在配电线路杆塔上的开关设备、电容器等电气装置；

13）互感器的二次绕组；

14）铠装控制电缆的外皮、非铠装或非金属护套电缆的1～2根屏蔽芯线。

（2）所有金属结构件，如门槽、楼梯扶手、栏杆、保护网、电缆架和构架等均应可靠接地，所有金属部件均应做等电位连接。用铜排（缆）首末端连接，形成保护室内的等电位接地网。保护室内的等电位接地网与厂、站的主接地网只能存在唯一。

（3）所有电缆桥架及电缆架全长敷设明敷接地线，接电线采用镀锌扁钢并涂黄绿相间漆，接地线与电站主接地网可靠连接。用铜排（缆）首末端连接，形成保护室内的等电位接地网。保护室内的等电位接地网与厂、站的主接地网只能存在唯一。

（4）在地面建筑的屋顶边沿、屋脊等处设置明敷避雷带，并应符合《建筑物防雷设计规范》（GB 50057—2010）要求。

（5）在主控室、保护室柜屏下层的电缆室（或电缆沟道）内，按柜屏布置的方向敷设100mm^{2}的专用铜排（缆），将该专用铜排（缆）首末端连接，形成保护室内的等电位接地网。保护室内的等电位接地网与厂、站的主接地网只能存在唯一连接点，连接点位置宜选择在电缆竖井处。为保证连接可靠，连接线必须至少4根以上、截面不小于50mm^{2}的铜缆（排）构成共点接地。

（6）跨结构分缝的接地线，在分缝处应作过缝伸缩处理，以免温度应力或不均匀沉降将接地线拉断。通常的过缝处理为将接地线在分缝处弯曲，并在接地线弯曲部分表面包上一层油纸、第二层包麻和第三层涂沥青。

（7）水下接地网不宜设在水流湍急处，以及含有腐蚀性物质的水域。当必须在水流湍急处敷设水下接地网时，可采用打插筋锚固焊接或浇入混凝土表层内约50～100mm的方法固定。

（8）直接接地或经消弧线圈接地的主变压器、发电机的中性点与接地体或接地干线连接，应采用单独的接地线。

（9）电力设备每个接地部分应以单独的接地线与接地干线相连接，严禁在一个接地线中串接几个需要接地的部分。

（10）引至外部接地连接线的敷设位置，应不妨碍设备的检修和巡视；埋设的接地插座面板应紧贴饰面。

3. 接地线焊接及其他工艺要求

（1）接地体的连接采用焊接，焊接必须牢固无虚焊，应符合施工图纸和《电气装置安装工程接地装置施工及验收规范》（GB 50169—2006）第3.4.1～3.4.4条的规定。焊接后应将焊缝处清理干净，并作防腐处理。

（2）接地线与电力设备的连接，可用螺栓连接或焊接。用螺栓连接时，应用防松动螺帽或防松动垫片。连接处应镀锌或接触面搪锡。

（3）铜和铜、铜和钢、铜和铸铁或铜和青铜等不同金属之间的连接应采用放热焊接。其接头的寿命应当超过整个接地系统的寿命。放热焊接材料及技术应满足国家电网标准《接地装置放热焊接技术导则》（Q/GDW 467—2010）要求。

（4）接地线应采取防止发生机械损伤和化学腐蚀的措施。在与公路、铁路或管道等交叉处及其他可能使接地线遭受到损伤处，均应用钢管或者角钢加以保护。接地线在穿过墙壁、楼板和地坪处应加防腐处理或其他坚固的保护套。热镀锌钢材焊接时将破坏热镀锌防腐。应在焊痕外100mm内做装钢管。

（5）接地装置敷设完成后，回填材料应符合施工图纸的要求。回填土内不应夹有石块和建筑垃圾等，外取土壤不得有较强的腐蚀性，回填土应分层夯实。

（6）在施工期间应妥善保护好已敷设的接地装置。

图 11-1　接地工艺设计总说明

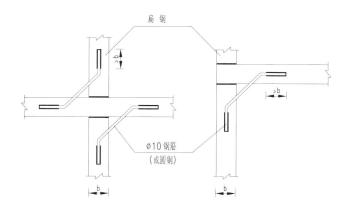

接地扁钢交叉连接详图

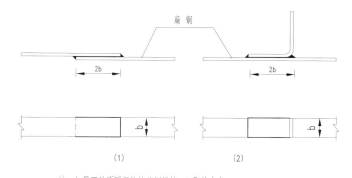

注：如果两种不同规格的扁钢搭接，b取较大者。

接地扁钢搭接详图

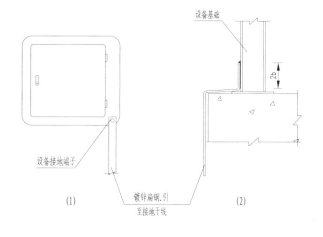

设备及基础接地连接详图

说明：

1.本图表示铁接地体的连接。

2.施工敷设应符合《电气装置安装工程接地装置施工及验收规范》（GB 50169-2006）要求。

图11-2　接地工艺设计图1

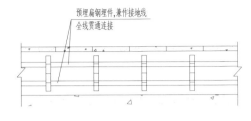

电缆沟中接地线详图

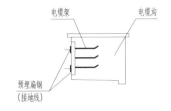

电缆廊道(竖井参照)及电缆吊架接地线详图

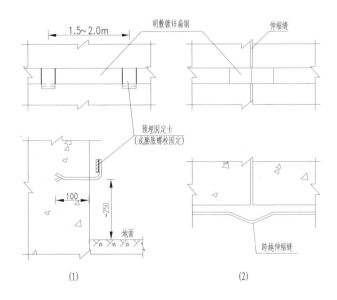

(1)   (2)

明敷接地扁钢沿墙固定及跨越伸缩缝详图

说明:

1.本图表示铁接地体的连接。

2.施工敷设应符合《电气装置安装工程接地装置施工及验收规范》(GB 50169—2006)要求。

3.电缆沟内电缆架安装可采用预埋板或预埋扁铁固定方式;也可采用膨胀螺栓固定方式。

图 11-3　接地工艺设计图 2

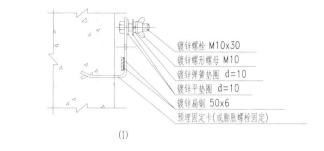

镀锌螺栓 M10×30
镀锌螺形螺母 M10
镀锌弹簧垫圈 d=10
镀锌平垫圈 d=10
镀锌扁钢 50×6
预埋固定卡(或膨胀螺栓固定)

(1)

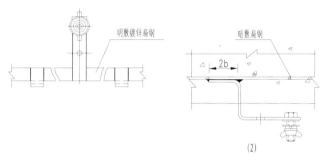

明敷镀锌扁钢

暗敷扁钢

(2)

接地端子详图

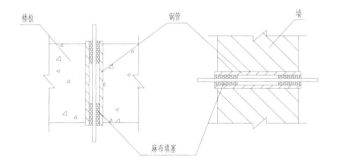

楼板   钢管   墙

麻布填塞

接地线通过楼板和墙详图

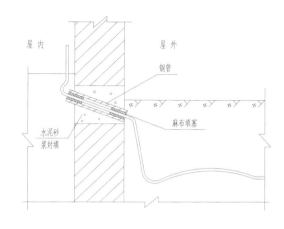

屋内   屋外

钢管

水泥砂浆封填

麻布填塞

屋内、屋外接地线埋设详图

说明:

1.本图表示铁接地体的连接。

2.施工敷设应符合《电气装置安装工程接地装置施工及验收规范》(GB 50169—2006)要求。

图 11-4   接地工艺设计图 3

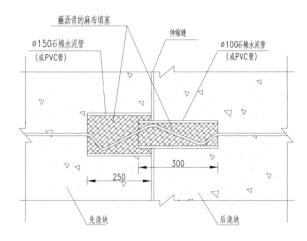

暗敷接地扁钢通过伸缩缝详图1

暗敷接地扁钢通过伸缩缝详图2

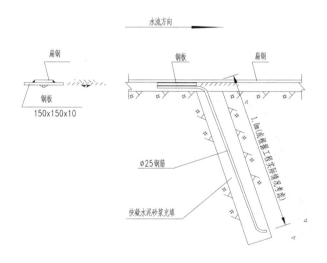

固定桩详图

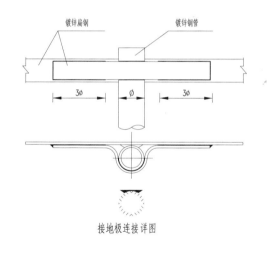

接地极连接详图

说明:

  1.本图表示铁接地体的连接。

  2.施工敷设应符合《电气装置安装工程接地装置施工及验收规范》(GB 50169-2006)要求。

图 11-5　接地工艺设计图4

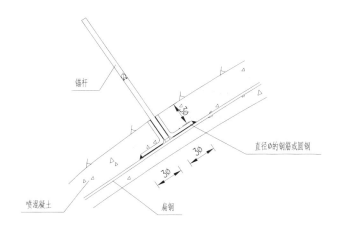

扁钢与岩壁锚杆连接详图

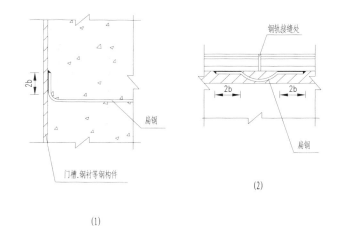

(1)

(2)

零星钢构件自然接地体接地连接详图

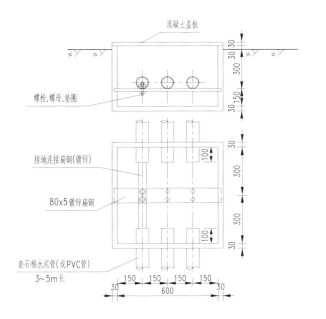

接地测量端子盒详图1

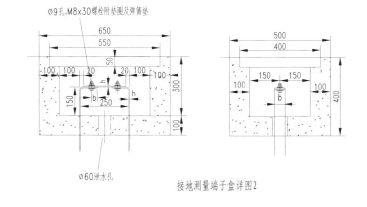

接地测量端子盒详图2

说明:
1. 扁钢在螺栓连接处,两接触面均应镀锡.
2. 测量井四周钢筋不能连通.

图 11-6 接地工艺设计图5

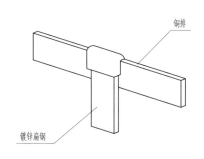

铜排与扁钢接连详图

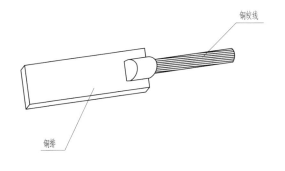

铜绞线（铜覆钢绞线）与铜排连接详图

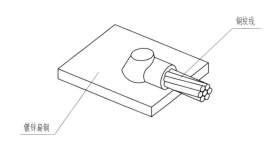

铜绞线（铜覆钢绞线）与扁钢连接详图

说明：

1.本图表示铜接地体及铜−铁接地体的连接。

2.连接方式和材料根据接地装置布置敷设的实际情况进行适当调整。

3.图中各详图连接方式的产品型号供参考,应按照产品使用说明书进行施工。

图 11−7　接地工艺设计图 6

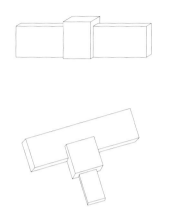

铜线与铜排连接详图

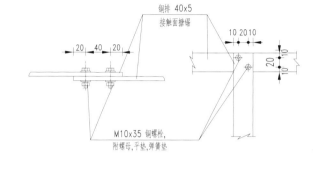

铜排与铜排螺栓连接详图

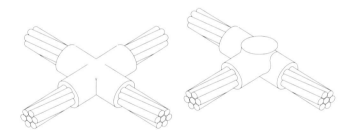

铜绞线（铜覆钢绞线）×连接和T连接详图

说明：

1.本图表示铜接地体及铜−铁接地体的连接。

2.连接方式和材料根据接地装置布置敷设的实际情况进行适当调整。

3.图中各详图连接方式的产品型号供参考，应按照产品使用说明书进行施工。

图 11−8　接地工艺设计图 7

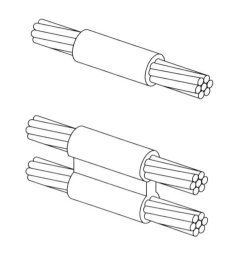

铜绞线(铜覆钢绞线)直线连接和并接详图

铜绞线(铜覆钢绞线)跨越伸缩缝埋设详图

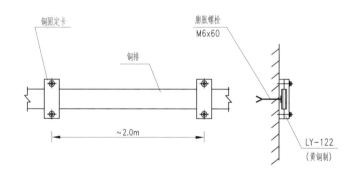

接地铜排明敷详图

说明:

1.本图表示铜接地体及铜-铁接地体的连接。

2.连接方式和材料根据接地装置布置敷设的实际情况进行适当调整。

3.图中各详图连接方式的产品型号供参考,应按照产品使用说明书进行施工。

图 11-9　接地工艺设计图 8

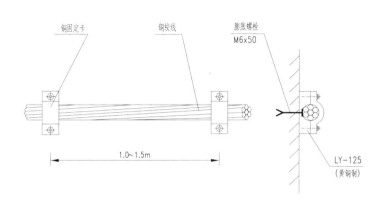

接地铜绞线（铜覆钢绞线）明敷详图

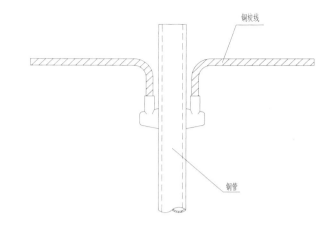

铜绞线（铜覆钢绞线）与钢管接地极连接详图

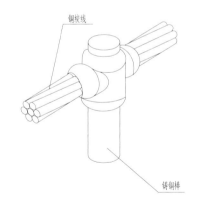

铜绞线（铜覆钢绞线）与铸铜棒接地极连接详图

说明：

1. 本图表示铜接地体及铜－铁接地体的连接。

2. 连接方式和材料根据接地装置布置敷设的实际情况进行适当调整。

3. 图中各详图连接方式的产品型号供参考,应按照产品使用说明书进行施工。

图 11-10　接地工艺设计图 9

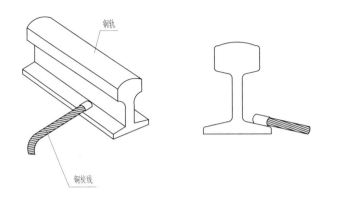

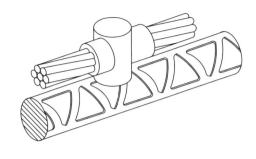

铜绞线（铜覆钢绞线)与钢轨连接详图

铜绞线（铜覆钢绞线)与钢筋连接详图

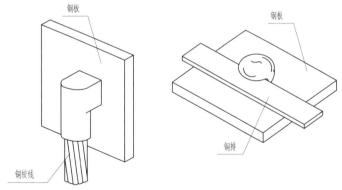

说明:

　1.本图表示铜接地体及铜－铁接地体的连接。

　2.连接方式和材料根据接地装置布置敷设的实际情况进行适当调整。

　3.图中各详图连接方式的产品型号供参考,应按照产品使用说明书进行施工。

铜绞线（铜覆钢绞线),铜排与钢板（设备外壳）连接详图

图 11-11　接地工艺设计图 10

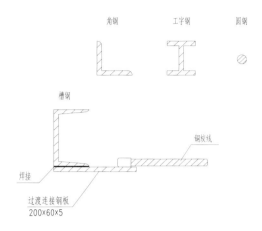

角钢　　工字钢　　圆钢

槽钢

铜绞线

焊接

过渡连接钢板
200×60×5

铜绞线（铜覆钢绞线）与各种型钢（设备基础及金属构件）连接详图

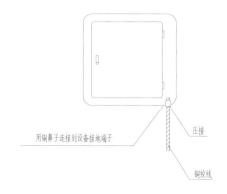

用铜鼻子连接到设备接地端子

压接

铜绞线

铜绞线（铜覆钢绞线）与设备连接详图

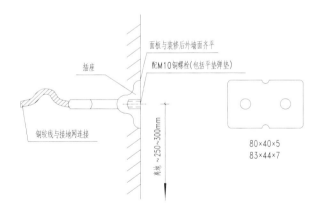

面板与装修后外墙面齐平

配M10铜螺栓(包括平垫弹垫)

插座

铜绞线与接地网连接

高度~250~300mm

80×40×5
83×44×7

墙上接地插座（紫铜制）详图

说明:

1.本图表示铜接地体及铜-铁接地体的连接。

2.连接方式和材料根据接地装置布置敷设的实际情况进行适当调整。

3.图中各详图连接方式的产品型号供参考,应按照产品使用说明书进行施工。

图 11-12　接地工艺设计图 11

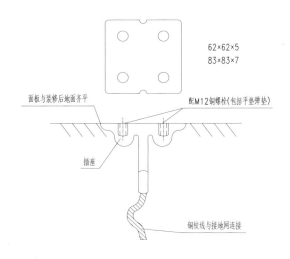

62×62×5
83×83×7

面板与装修后地面齐平

配M12铜螺栓(包括平垫弹垫)

插座

铜绞线与接地网连接

地上接地插座（紫铜制）详图

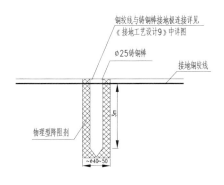

铜绞线与铸铜棒接地极连接详见《接地工艺设计9》中详图

φ25铸铜棒

接地铜绞线

物理型降阻剂

~φ40~50

垂直接地极施工示意图

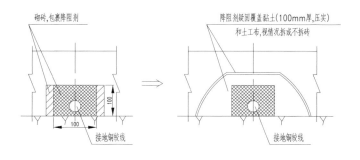

砌砖,包裹降阻剂

100

100

接地铜绞线

降阻剂凝固覆盖黏土(100mm厚,压实)和土工布,视情况拆或不拆砖

接地铜绞线

水平接地线包裹降阻剂施工方法详图

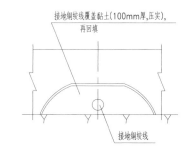

接地铜绞线覆盖黏土(100mm厚,压实),再回填

接地铜绞线

开关站水平接地线施工方法详图

说明:

1.连接方式和材料根据接地装置布置敷设的实际情况进行适当调整。

2.图中各详图连接方式的产品型号供参考,应按照产品使用说明书进行施工。

图 11-13 接地工艺设计图 12

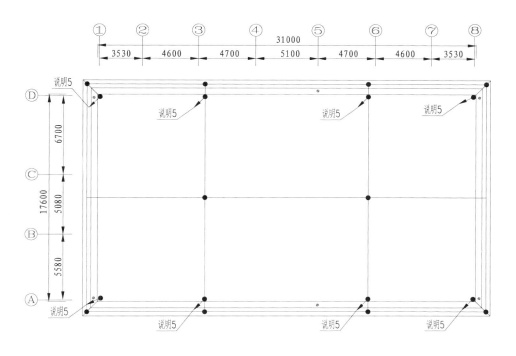

建筑物屋顶避雷带工艺设计

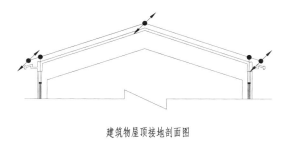

建筑物屋顶接地剖面图

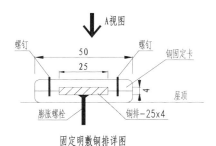

固定明敷铜排详图

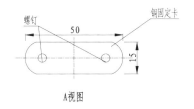

A视图

说明:
1. 图中尺寸以mm计。
2. 除图中所示外,所有设备金属外壳及金属构件等均应就近与接地网连接。
3. 施工应满足《电气装置安装工程接地装置施工及验收规范》(GB 50169-2006)的要求。
4. 图中厂房布置以土建图纸为准,现场可按实际尺寸适当调整。
5. 引下与建筑物接地网连接。
6. 避雷带与防雷引下线采用螺栓连接。
7. 屋顶避雷带网格尺寸应满足《建筑物防雷设计规范》(GB 50057-2010)的要求,避雷带典型做法如下:
   (1) 明敷铜排避雷带,屋顶层接地采用-25x4铜排,接地铜排沿图示路径明敷,每隔1.5m用铜固定卡进行固定,转弯处适当加密。
   (2) 明敷热镀锌圆钢避雷带,在屋顶边沿、马头墙顶部等处采用Φ12热镀锌圆钢明敷在屋顶作为避雷带,避雷带高出屋面0.3m,每隔1m采用Φ12热镀锌圆钢支撑,避雷带转角处支撑间隔0.3m。

图例:

———— 明敷接地线

—|— 接地线连接

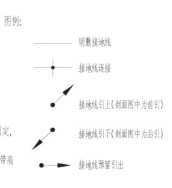 接地线引上(剖面图中为前引)

接地线引下(剖面图中为后引)

接地线预留引出

图 11-14　接地工艺设计图 13

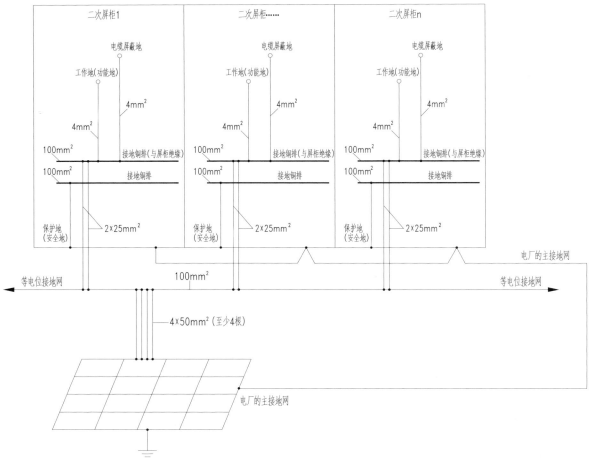

说明:

1. 二次屏柜内应设置2根截面积不小于100mm²的接地铜排,其中一根与屏柜绝缘。

2. 在主控室、保护室、发电机层机旁屏柜下层的电缆室电缆桥架(或电缆沟道)内,按屏柜布置的方向敷设100mm²的专用铜排(缆),
   并将该专用铜排(缆)首末端相连.该等电位接地网与电站的主接地网只能存在在唯一连接点,连接点位置宜选择在电缆竖井处.为保证可靠连接,
   连接线必须用至少4根以上、截面不小于50mm²铜缆(排)构成共点接地。

图 11-15 接地工艺设计图 14

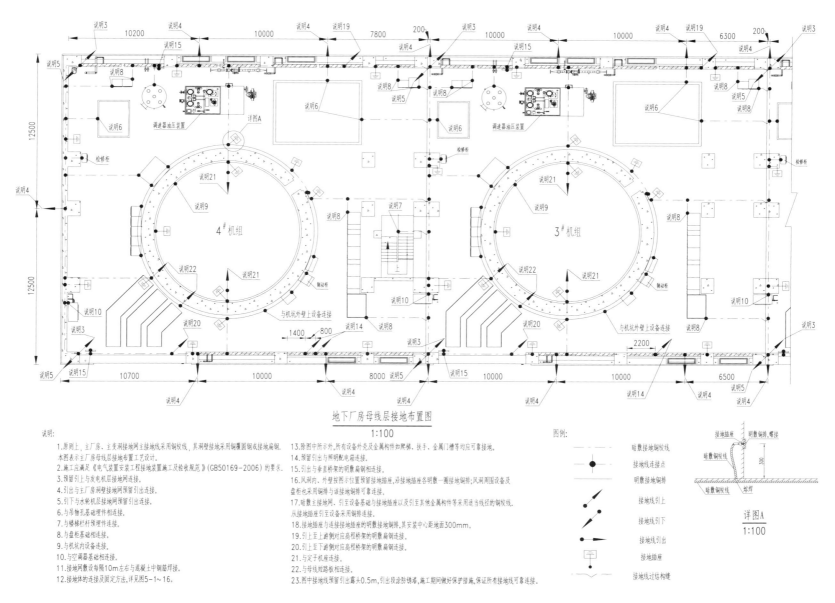

地下厂房母线层接地布置图

1:100

说明:

1.原则上,主厂房、主变洞接地网主接地线采用铜绞线,其洞壁接地采用铜覆圆钢或接地扁铜.本图表示主厂房母线层接地布置工艺设计.
2.施工应满足《电气装置安装工程接地装置施工及验收规范》(GB50169-2006)的要求.
3.预留引出与发电机层接地网连接.
4.引出与主厂房洞壁接地网预留引出连接.
5.引下与水轮机层接地网预留引出连接.
6.与吊物孔基础埋件相连接.
7.与楼梯栏杆预埋件连接.
8.与盘柜基础相连接.
9.与机坑内设备连接.
10.与空调器基础相连接.
11.接地网敷设每隔10m左右与混凝土中钢筋焊接.
12.接地体的连接及固定方法,详见图5-1~16.

13.除图中所示外,所有设备外壳及金属构件如爬梯、扶手、金属门槽等均应可靠接地.
14.预留引出与照明配电箱连接.
15.引出与垂直桥架的明敷扁铜相连接.
16.风洞内、外壁按图示位置预留接地铜排,沿接地铜排各明敷一圈接地铜排;风洞周围设备及盘柜也采用铜排与该接地铜排可靠连接.
17.暗敷主接地网、引至设备基础及接地插座以及引至其他金属构件等采用适当线径的铜绞线.从接地插座引至设备采用铜绞线.
18.接地插座与接接地插座的明敷接地铜排,其安装中心距地面300mm.
19.引上至上游侧对应高程桥架的明敷扁铜连接.
20.引上至下游侧对应高程桥架的明敷扁铜连接.
21.与定子机座连接.
22.与母线短路板相连接.
23.图中接地线预留引出露头0.5m,引出段涂防锈漆,施工期间做好保护措施,保证所有接地线可靠连接.

图例:

—— 暗敷接地铜绞线

● 接地线连接点

—— 明敷接地铜排

接地线引上

接地线引下

接地线引出

接地插座

接地线过结构缝

详图A
1:100

图 11-21 地下厂房接地布置工艺设计图

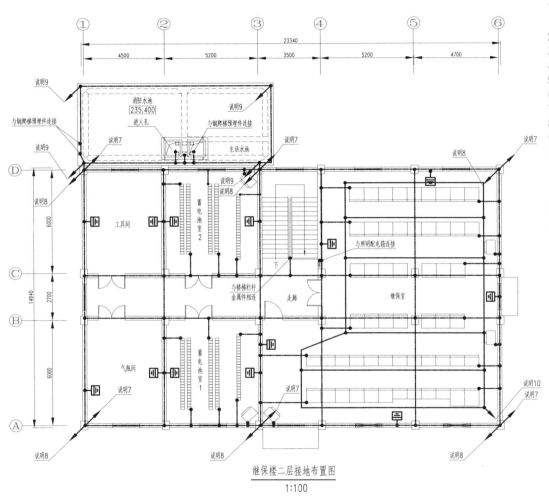

说明:

1. 原则上,中控楼、继保楼、GIS室等地面建筑接地采用铜绞线,其他地面建筑如上/下库启闭机室、设备库等接地采用铜覆圆钢或扁钢。本图表示继保楼接地布置工艺设计。
2. 接地体的连接及固定方法,详见图5-1。
3. 除图中所示外,所有设备金属外壳及金属构件等均应就近与接地网连接。
4. 图中接地线预留引出段长0.5m,施工期间作好保护措施,保证所有接地线可靠连接。
5. 施工应满足《电气装置安装工程接地装置施工及验收规范》(GB 50169-2006)的要求。
6. 本套图中厂房布置以土建图纸为准,现场可按实际尺寸适当调整。
7. 引上与继保楼夹层接地网连接。
8. 引下与继保楼一层接地网连接。
9. 引下与水池底层接地网连接。
10. 根据"反事故措施"要求,继保室的屏柜下方布置规格不小于100mm²的等电位接地铜排。接地铜排用绝缘子支撑,固定在继保室地板下方设置的桥架上,绝缘子间距为0.8m,转弯处适当加密。在每个屏柜处采用TJ-95铜绞线引上与柜内接地端子连接,接地铜排采用不少于4根-25×4的铜排引下在一点与继保楼一层接地网连接。
11. 继保楼暗敷主接地网、引至设备基础与接地插座以及引至其他金属构件等采用适当线径的铜绞线。
12. 除特殊说明外,接地插座的安装中心距地面300mm。
13. 各区域接地网仅明确接地材质,接地体截面应根据实际工程情况及接地计算研究报告确定。

图例:

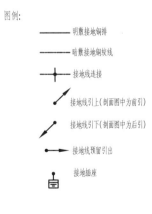

继保楼二层接地布置图
1:100

图 11-22　地面建筑接地布置工艺设计图

第12章 电缆桥架及电缆敷设工艺设计

第1部分 电 缆 桥 架

设计图目录见表12-1。

表 12-1
设 计 图 目 录

序号	图 名	图 号
1	电缆桥架工艺设计总说明	图 12-1
2	梯架沿墙垂直安装工艺设计图	图 12-2
3	电缆桥架沿混凝土墙安装工艺设计图	图 12-3
4	电缆桥架楼板下安装工艺设计图	图 12-4
5	电缆桥架楼板上安装工艺设计图	图 12-5
6	电缆桥架不同高度安装的连接工艺设计图	图 12-6
7	电缆桥架伸缩节安装工艺设计图	图 12-7
8	电缆桥架穿顶下安装工艺设计图	图 12-8
9	电缆桥架引向盘柜下安装工艺设计图	图 12-9～图 12-10
10	电缆沟内电缆支架安装工艺设计图	图 12-11～图 12-13
11	电缆井内电缆桥架安装工艺设计方案一	图 12-14～图 12-16
12	电缆井内电缆桥架安装工艺设计方案二	图 12-17～图 12-19
13	风罩墙外电缆桥架安装工艺设计图	图 12-20～图 12-22
14	机墩外电缆桥架安装工艺设计图	图 12-23～图 12-25
15	电缆桥架接地线安装工艺设计图	图 12-26
16	电缆防火工艺设计图	图 12-27～图 12-28

1. 相关标准

电缆桥架的安装应符合以下标准的要求:

(1) 国家电网公司输变电工程工艺标准库;

(2) 抽水蓄能电站工程工艺设计导则;

(3) 抽水蓄能电站工程建设补充规定;

(4)《钢质电缆桥架工程设计规范》(CECS 31:91);

(5)《铝合金电缆桥架技术规程》(CECS 106:2000);

(6)《电力工程电缆设计规范》(GB 50217—2007);

(7)《电气装置安装工程电缆线路施工及验收规范》(GB 50168—2006);

(8)《建筑电气工程施工质量验收规范》(GB 50303—2002)。

2. 电缆桥架安装原则说明及要求

(1) 地下厂房主变洞电抗器室等需防电磁感应的场所采用非磁性不锈钢电缆桥架;电缆竖井和垂直段电缆桥架采用标准段直通钢制热浸镀锌喷塑梯式电缆桥架;进厂交通洞等隧洞内采用大跨距钢制热浸镀锌喷塑梯级式电缆桥架;其余场所采用托盘式热浸镀锌喷塑钢质电缆桥架。

(2) 电缆桥架及附件在运输、搬运过程中不得损伤,并分类妥善储存。

(3) 电缆桥架水平敷设时距地面的高度一般不低于 2.5m,垂直敷设距地 1.8m 以下部分应加金属盖板保护,敷设在电气专用房间内时除外。电缆桥架水平敷设在设备夹层或者上人马道上低于 2.5m 时,应采取保护接地措施。

(4) 电缆桥架安装时应该做到安装牢固,横平竖直,沿电缆桥架水平走向的支吊架左右绝对偏差应不大于 10mm,高低方向绝对偏差不大于 5mm,成排布置的支吊架除满足上述要求外,任意两根支吊架之间左右相对偏差不大于 15mm,高低方向相对偏差不大于 8mm。在有坡度的电缆沟内或建筑物上安装的电缆支架,应与电缆沟或建筑物相同的坡度。

(5) 组装后的钢结构竖井,其垂直偏差不应大于其长度的 2‰;支架横撑的水平误差不应大于其宽度的 2‰;竖井对角线的偏差不应大于其对角线长度的 2‰。

(6) 电缆桥架在每个支吊架上的固定应牢固,桥架连接板两端的连接紧固螺栓(带防松螺帽或防松垫圈)应不少于 2 个,螺母应位于桥架的外倾。

(7) 当直线段钢制电缆桥架超过 30m,应有伸缩缝,其连接宜采用伸缩连接板;电缆桥架跨越建筑物伸缩缝处应设置伸缩缝。

(8) 电缆桥架穿墙安装时,应根据环境条件采用防火封堵材料等密封装置,电缆桥架由室内穿墙至室外时,在墙的外侧应采取防雨措施。

(9) 金属电缆支架全长均应有良好的接地。电缆桥架、电缆沟电缆支架通长接地扁钢采用螺栓与立柱或托臂连接。

(10) 电缆桥架在引入引出建筑物时,应与建筑物内接地干线或室外接地装置相连接。

(11) 电缆桥架如需现场切割,应作冷切割,不得采用气焊切割,保证断口平整、光滑。

(12) SFC 输入/输出变至盘柜的引线优先采用绝缘母线;进厂交通洞的照明电源原则上采用母线槽的方式;靠墙电缆桥架进出电缆原则上采用靠墙盒进出。

(13) 风罩及机墩外环形电缆桥架设计应根据工程具体情况考虑与水机管路交叉问题。

(14) 垂直电缆梯架安装完毕后,应采用不锈钢包封处理,正面设置检查窗,包封处理应现场实地测量后工厂化制作。

(15) 电缆桥架立柱端部设置保护套。

3. 电缆桥架安装注意事项

(1) 电缆桥架严禁作为人行通道、梯子或站人平台,其支吊架不得作为吊挂重物的支架使用。在电缆桥架中敷设电缆时,严禁利用电缆桥架的支吊架做固定起吊装置、做拖动装置及滑轮和支架。

(2) 当电缆桥架表面有绝缘层时,应将接地点或需要电气连接处的绝缘涂层清除干净。

(3) 电缆桥架在振动场所及电气接地部位的连接螺栓应加弹簧垫圈。

(4) 电缆桥架立柱多余部分长度应保持一致,底层桥架底部至立柱下端部不大于 200mm,立柱端部加保护套。

(5) 在有腐蚀性环境条件下安装的电缆桥架,应采取措施防止损伤电缆桥架表面保护层,在切割、钻孔后应对其裸露的金属表面用相应的防腐涂料或油漆修补。

(6) 敷设电缆时,在电缆桥架弯头处应加导板,防止电缆敷设时外皮损伤。

4. 钢质电缆桥架防腐要求

(1) 电缆桥架及其附件内外表面均采用热浸镀锌处理,镀锌层平均厚不小于 65μm,喷塑层平均厚度不小于 40μm。热浸镀锌螺栓镀锌厚度不小于 54μm。所有切割及焊接割口处的镀锌厚度不应小于其他部分的要求。涂层厚薄应均匀,表面色彩应一致,无漏涂现象,喷涂后的表面光泽应不低于 60%。所有支架及托臂应进行机加工,加工完成后进行酸洗之后才能进行防腐处理和热浸镀锌。

(2) 热浸镀锌防腐技术质量要求:

1) 附着力:划线、划格法或锤击法试验,锌层应不剥离、不凸起。

2) 均匀性:硫酸铜试验 4 次不应露铁。

3) 外观:锌层厚度均匀,无毛刺、过烧、挂灰、伤痕、局部未镀锌或镀锌厚度低于 65μm 等缺陷。

(3) 热浸镀锌时锌的材质应为 0# 锌,其化学成分应满足相关规范要求,同时,热镀锌后必须进行钝化处理,确保热镀锌产品表面锌层提前氧化,提高热镀锌的防腐蚀能力和产品的使用寿命。电缆桥架防护层应牢固可靠,型式检验时漆膜附着力不低于 2 级,具有 2 级的耐湿、热、耐盐雾性,硬度不低于 H 级。

图 12-1 电缆桥架工艺设计总说明

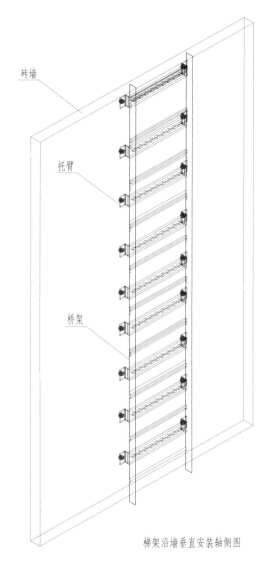

梯架沿墙垂直安装轴侧图

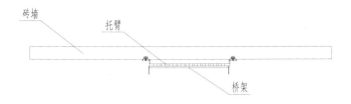

梯架沿墙垂直安装顶视图

说明:
 1.本安装方式适用于单层梯架垂直引上安装。

 2.原则上每隔1m布置托臂。

 3.电缆敷设完毕后采用防火板封包。

图 12-2　梯架沿墙垂直安装工艺设计图

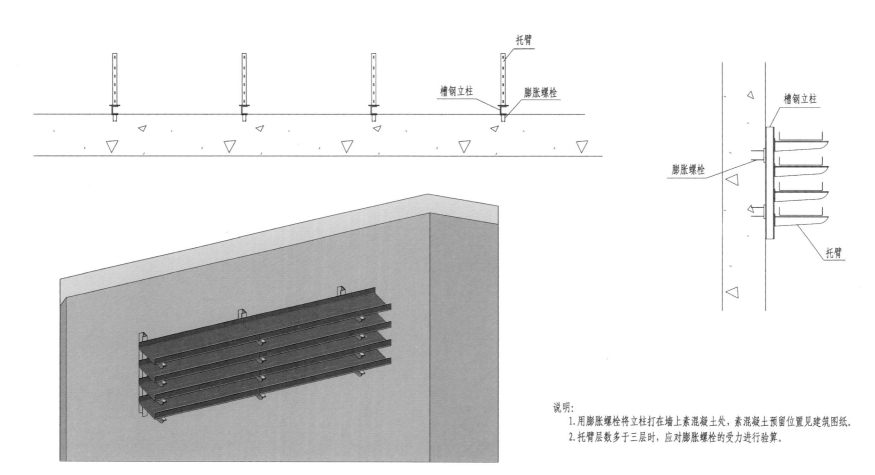

说明:
1.用膨胀螺栓将立柱打在墙上素混凝土处,素混凝土预留位置见建筑图纸。
2.托臂层数多于三层时,应对膨胀螺栓的受力进行验算。

图 12－3 电缆桥架沿混凝土墙安装工艺设计图

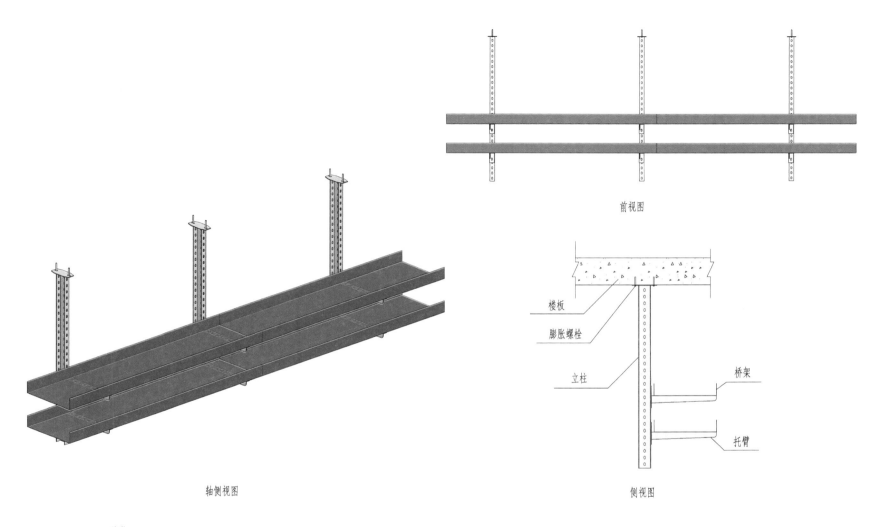

前视图

轴侧视图

侧视图

楼板

膨胀螺栓

立柱

桥架

托臂

说明:
    1.本安装方式适用于抽蓄项目楼板下电缆桥架安装。
    2.原则上每隔1.5m布置立柱及托臂。

图 12-4　电缆桥架楼板下安装工艺设计图 1

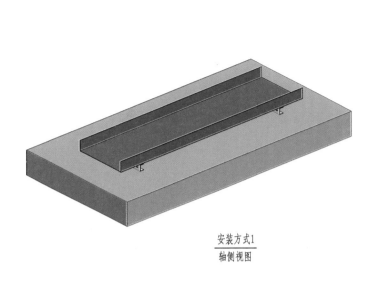

安装方式1
轴侧视图

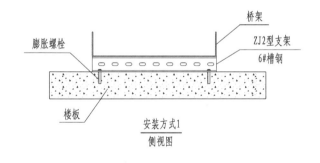

膨胀螺栓

桥架

ZJ2型支架
6#槽钢

楼板

安装方式1
侧视图

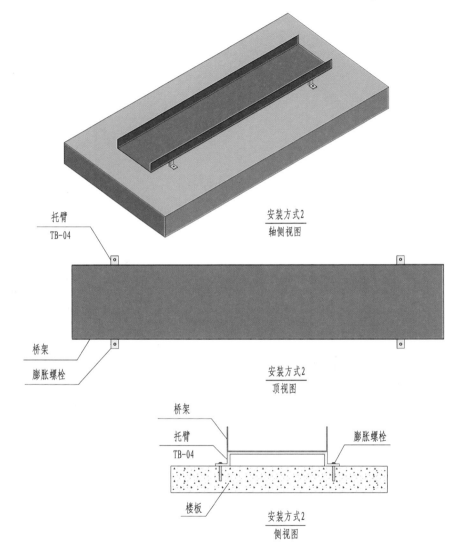

托臂
TB-04

安装方式2
轴侧视图

桥架

膨胀螺栓

安装方式2
顶视图

桥架

托臂
TB-04

膨胀螺栓

楼板

安装方式2
侧视图

说明:
1.原则上不采用地面敷设的电缆槽盒,如确需采用,优先采用安装方式1,并应避开通行及检修通道。
2.原则上每隔1.5m布置托臂。

图 12-5 电缆桥架楼板上安装工艺设计图 2

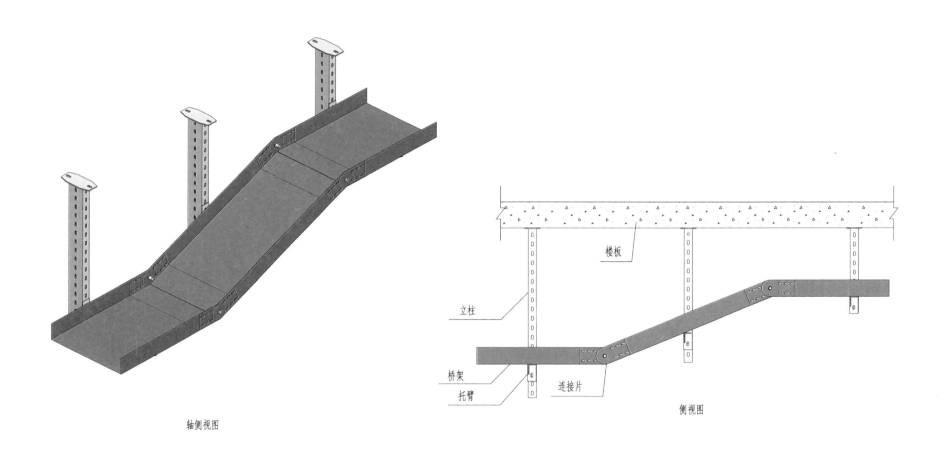

轴侧图

立柱

桥架
托臂
连接片

楼板

侧视图

说明：本安装方式适用于抽蓄项目主厂房、主变洞等处电缆桥架上升或下降部位的安装。

图 12－6　电缆桥架不同高度安装的连接工艺设计图

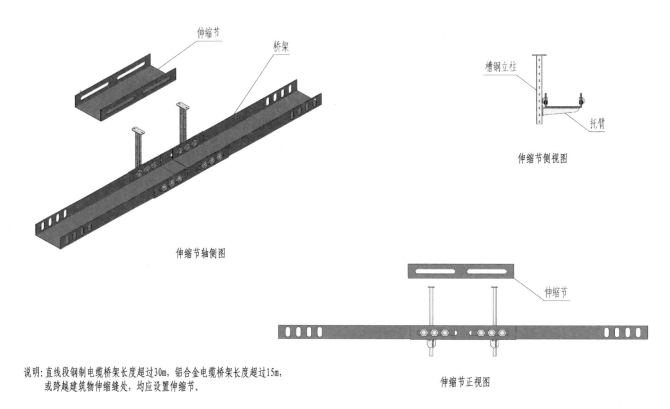

伸缩节

桥架

伸缩节轴侧图

槽钢立柱

托臂

伸缩节侧视图

伸缩节

伸缩节正视图

说明:直线段钢制电缆桥架长度超过30m,铝合金电缆桥架长度超过15m,
或跨越建筑物伸缩缝处,均应设置伸缩节。

图 12-7　电缆桥架伸缩节安装工艺设计图

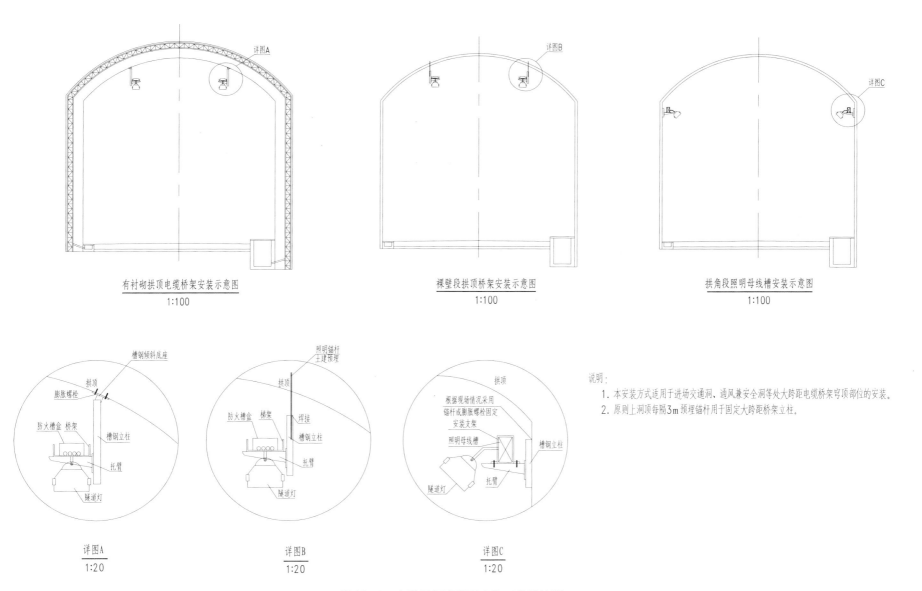

有衬砌拱顶电缆桥架安装示意图
1:100

裸壁段拱顶桥架安装示意图
1:100

拱角段照明母线槽安装示意图
1:100

详图A
1:20

详图B
1:20

详图C
1:20

说明:
1. 本安装方式适用于进场交通洞、通风兼安全洞等处大跨距电缆桥架穹顶部位的安装。
2. 原则上洞顶每隔3m预埋锚杆用于固定大跨距桥架立柱。

图12-8　电缆桥架穹顶下安装工艺设计图

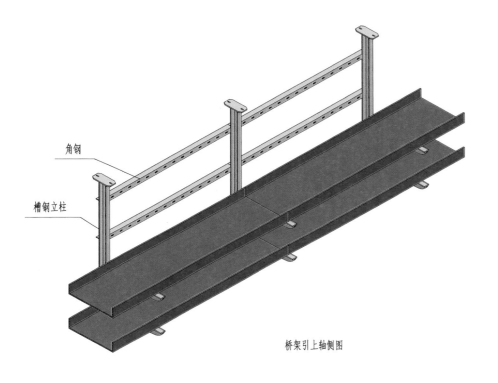

角钢

槽钢立柱

桥架引上轴侧图

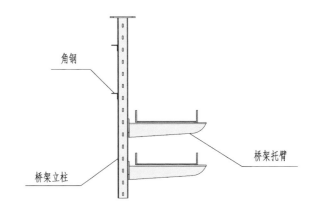

角钢

桥架立柱

桥架托臂

桥架引上侧视图

说明：本安装方式适用于主厂房、主变洞、各副厂房等处离楼板距离较远（大于1.5m）的电缆桥架安装。

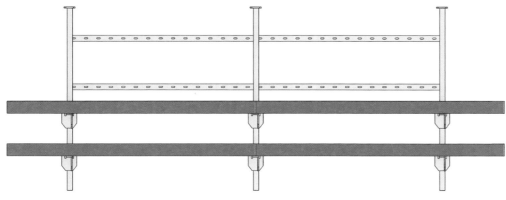

桥架引上正视图

图 12-9　电缆桥架引向盘柜下安装工艺设计图 1

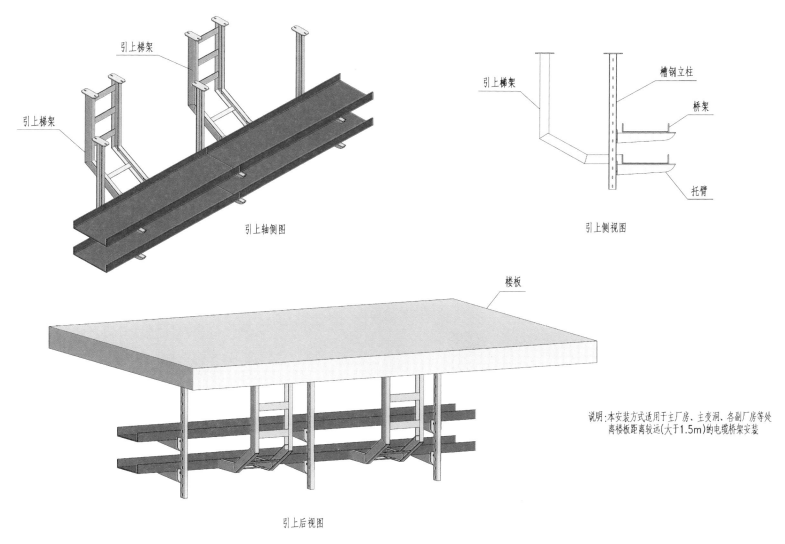

引上梯架

引上梯架

引上轴侧图

引上梯架

槽钢立柱

桥架

托臂

引上侧视图

楼板

引上后视图

说明:本安装方式适用于主厂房、主变洞、各副厂房等处
离楼板距离较远(大于1.5m)的电缆桥架安装

图 12-10　电缆桥架引向盘柜下安装工艺设计图 2

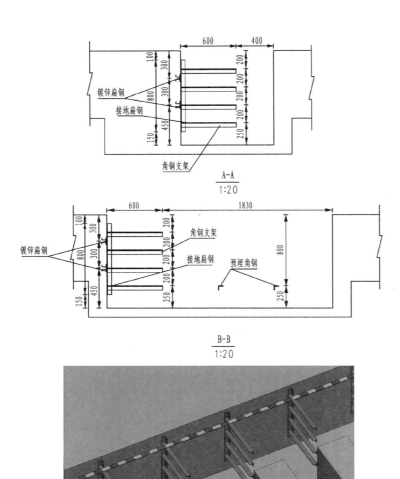

A-A
1:20

B-B
1:20

说明:
1. 本图尺寸单位为mm计。
2. 电缆沟内电缆架原则上间距为0.8m,可视场实际情况加以调整。
3. 电缆架全长敷设明敷接地线,接地线采用镀锌扁钢并涂黄绿相间漆,接地线与电站主接地网可靠连接。
4. 电缆直接宜采用角钢,工厂化加工,热镀锌防腐。
5. 电缆支架的水平间距、层间距离符合GB 50168-2006的规定。
6. 电缆支架宜与沟壁预埋件焊接,焊接处防腐,安装牢固,横平竖直,各支架的同层横档应在同一水平面上,其高低偏差不大于5mm,在有坡度的电缆沟内或建筑物上安装的电缆支架,应有与电缆沟或建筑物相同的坡度。电缆支架最上层及最下层至沟顶、楼板或沟底、地面的距离,应符合GB 50168-2006的规定。钢结构竖井垂直偏差不大于2mm/m,横撑的水平误差不大于2mm/m,对角线的偏差不大于5mm。
7. 钢材应平直,无明显扭曲。下料误差应在5mm范围内,切口应采用冷切割,无卷边、毛刺。
8. 位于湿热、盐雾以及有化学腐蚀地区时,应作特殊的防腐处理。
9. 单侧支架时,通道宽度的一般值为300~400mm;双侧支架时,通道宽度的一般值为300~500mm。
10. 电力电缆间水平距离一般为35mm。最上层架至盖板距离一般值为150~200mm,最下层架至沟底距离一般值为60~150mm。
11. 本图适用于开关柜室电缆沟电缆架工艺设计。

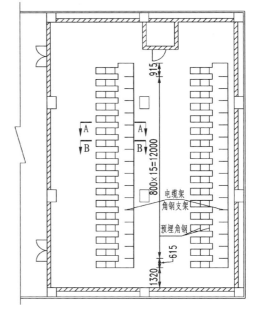

10kV厂用开关柜室电缆沟内电缆架布置安装图
1:200

图 12-11 电缆沟内电缆支架安装工艺设计图 1

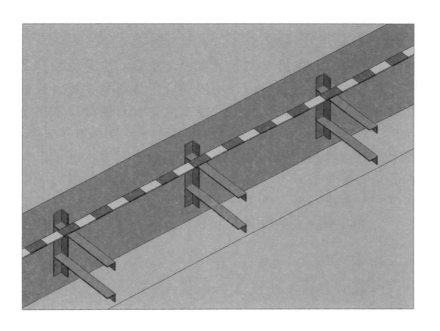

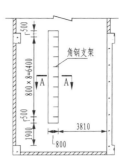

厂变开关室电缆沟内电缆架布置安装图
1:200

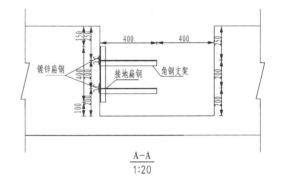

A-A
1:20

说明：
1. 本图尺寸单位为mm计。
2. 电缆沟内电缆架原则上间距为0.8m，可视现场实际情况加以调整。
3. 电缆架全长敷设明敷接地线，接地线采用镀锌扁钢并涂黄绿相间漆，接地线与电站主接地网可靠连接。
4. 电缆支架宜采用角钢，工厂化加工，热镀锌防腐。
5. 电缆支架的水平间距、层间距离应符合GB 50168-2006的规定。
6. 电缆支架宜与沟壁预埋件焊接，焊接处防腐，安装牢固，横平竖直，各支架的同层横档应在同一水平面上，其高低偏差不大于5mm，在有坡度的电缆沟内或建筑物上安装的电缆支架，应有与电缆沟或建筑物相同的坡度。电缆支架最上层及最下层至沟顶、楼板或沟底、地面的距离，应符合GB 50168-2006的规定。钢结构竖井垂直偏差不大于2mm/m，横撑的水平误差不大于2mm/m，对角线的偏差不大于5mm/m。

7. 钢材应平直，无明显扭曲。下料误差应在5mm范围内，切口应采用冷切割，无卷边、毛刺。
8. 位于湿热、盐雾以及有化学腐蚀地区时，应作特殊的防腐处理。
9. 单侧支架时，通道宽度的一般值为300～400mm；双侧支架时，通道宽度的一般值为300～500mm。
10. 电力电缆间水平距离一般为35mm，最上层支架至盖板距离一般值为150～200mm，最下层支架至沟底距离一般值为60～150mm。
11. 本图适用于主变洞高压厂变电缆沟内电缆架工艺设计。

图 12-12　电缆沟内电缆支架安装工艺设计图 2

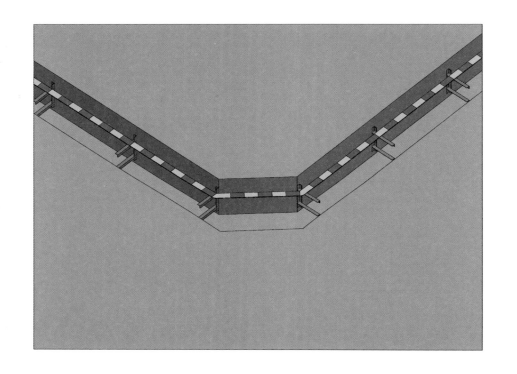

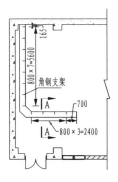

主变室电缆沟内电缆架布置安装图
1:200

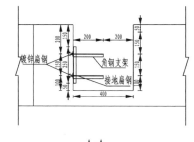

A—A
1:20

说明：

1. 本图尺寸单位为mm。
2. 电缆沟内电缆架原则上间距为0.8m，可视现场实际情况加以调整。
3. 电缆架全长敷设明敷接地线，接地线采用镀锌扁钢并涂黄绿相间漆，接地线与电站主接地网可靠连接。
4. 电缆支架宜采用角钢，工厂化加工，热镀锌防腐。
5. 电缆支架的水平间距、层间距离应符合GB 50168-2006的规定。
6. 电缆支架宜与沟壁预埋件焊接，焊接处防腐，安装牢固，横平竖直，各支架的同层横档应在同一水平面上，其高低偏差不大于5mm，在有坡度的电缆沟内或建筑物上安装的电缆支架，应有与电缆沟或建筑物相同的坡度。电缆支架最上层及最下层至沟顶、楼板或沟底、地面的距离，应符合GB 50168-2006的规定。钢结构竖井垂直偏差不大于2mm/m，横撑的水平误差不大于2mm/m，对角线的偏差不大于5mm/m。

7. 钢材应平直，无明显扭曲。下料误差应在5mm范围内，切口应采用冷切割，无卷边、毛刺。
8. 位于湿热、盐雾以及有化学腐蚀地区时，应作特殊的防腐处理。
9. 单侧支架时，通道宽度的一般值为300～400mm；双侧支架时，通道宽度的一般值为300～500mm。
10. 电力电缆间水平距离一般为35mm。最上层架至盖板距离一般值为150～200mm，最下层架至沟底距离一般值为60～150mm。
11. 本图适用于主变洞高压厂变室电缆沟电缆架工艺设计。

图 12-13　电缆沟内电缆支架安装工艺设计图 3

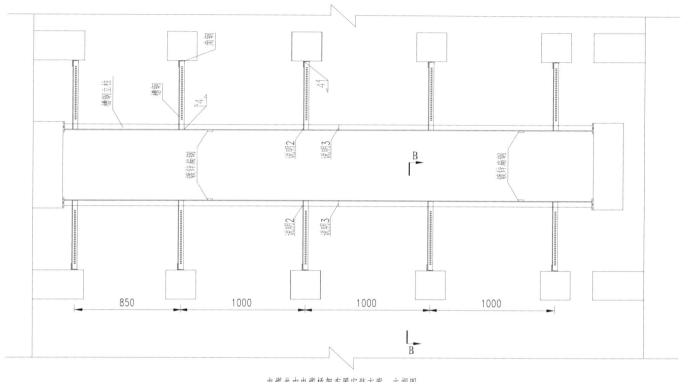

电缆井内电缆桥架布置安装方案一主视图

1:20

说明:

1. 本图尺寸单位为mm计。

2. 竖井电缆支架采用金属膨胀螺栓固定在构造梁上,上下层支架间距如图所示,可适当调整,另一端与槽钢立柱如图焊接。

3. 先将上部带顶板立柱固定在楼板下,再截去端部多余部分与下部带顶板立柱的端部相互焊接,再将其固定在地板上,用于固定竖井电缆支架。

4. 电缆支架安装完毕后,用镀锌扁钢将立柱焊接起来,并与副厂房电缆井中的接地插座或铜排可靠焊接。

5. 电缆竖井内垂直敷设电缆时应每隔1m加抱箍固定。

6. 电缆井内电缆桥架的层数及桥架宽度根据实际电缆井的大小相应变更,本图仅供参考。

图 12-14 电缆井内电缆桥架安装工艺设计方案一1

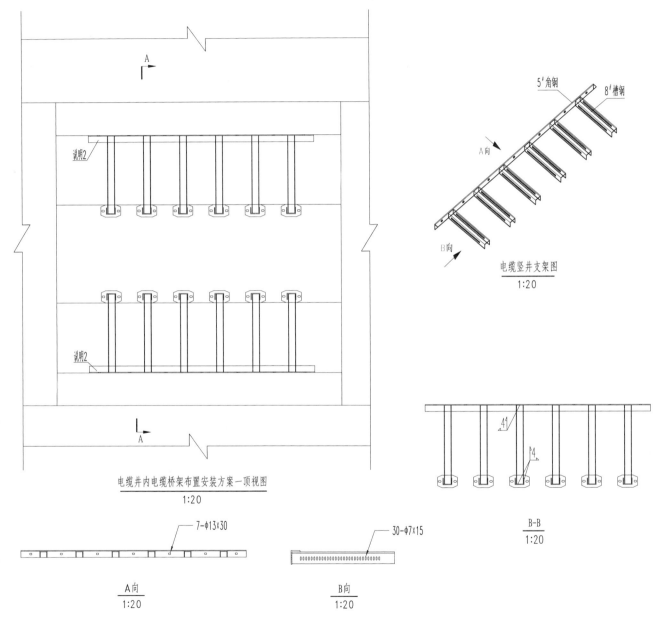

说明2

A

A

5#角钢
8#槽钢

A向

B向

电缆竖井支架图
1:20

电缆井内电缆桥架布置安装方案一顶视图
1:20

4

4

B-B
1:20

7-φ13x30

30-φ7x15

A向
1:20

B向
1:20

图 12-15　电缆井内电缆桥架安装工艺设计方案一 2

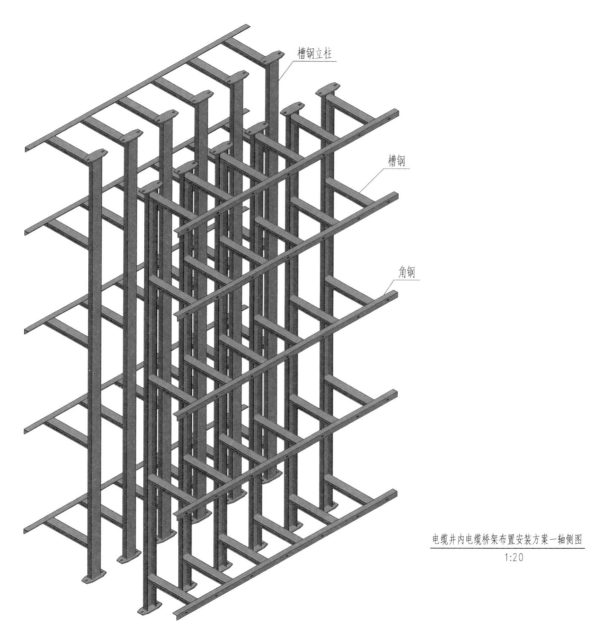

槽钢立柱

槽钢

角钢

电缆井内电缆桥架布置安装方案一轴侧图
1:20

图 12-16　电缆井内电缆桥架安装工艺设计方案一 3

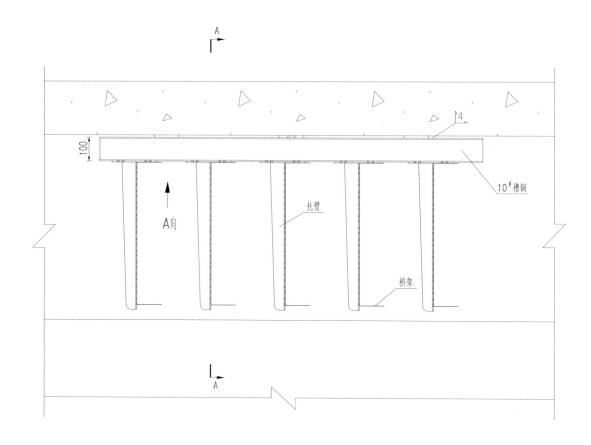

100

10#槽钢

托臂

A向

桥架

电缆井内电缆桥架布置安装方案二顶视图
1:10

说明:
1. 本图尺寸单位为mm计。
2. 桥架托臂位置原则上间距为1m，可根据现场实际情况适当调整。
3. 电缆桥架及电缆架全长明敷接地线，接地线采用镀锌扁钢并涂黄绿相间漆，接地线与电站主接地网可靠连接。
4. 每块钢板采用2只金属膨胀螺栓固定在混凝土墙或构造梁上，钢板与槽钢立柱之间焊接固定。
5. 电缆井内垂直敷设电缆时应每隔1m加抱箍固定。
6. 电缆井内电缆桥架的层数、桥架宽度等相关设备材料应根据实际电缆井的大小相应变更，本图仅供参考。

图 12-17 电缆井内电缆桥架安装工艺设计方案二 1

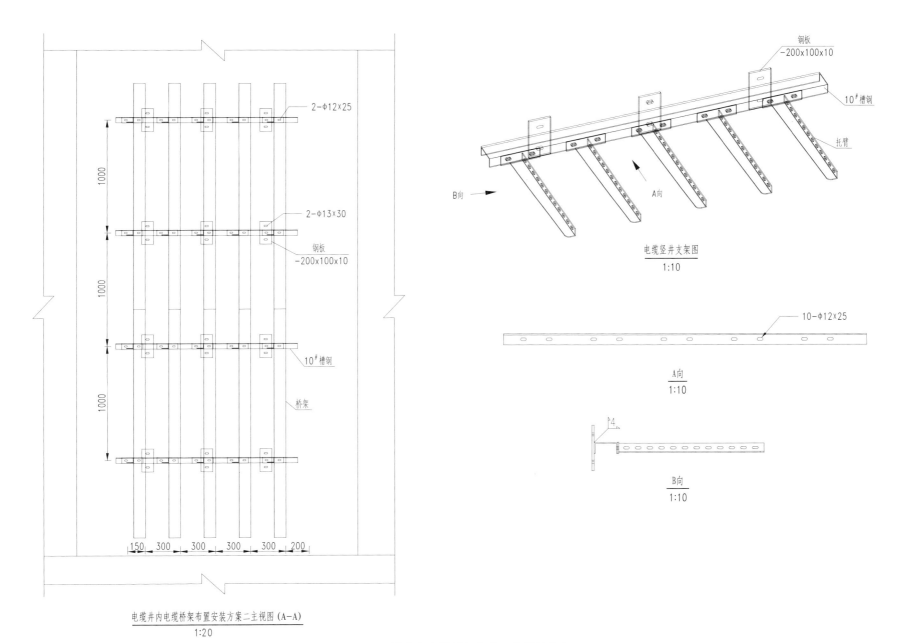

2-φ12×25

2-φ13×30

钢板
-200×100×10

10#槽钢

桥架

1000

1000

1000

150 300 300 300 300 200

电缆井内电缆桥架布置安装方案二主视图 (A–A)
1:20

钢板
-200×100×10

10#槽钢

扎臂

B向

A向

电缆竖井支架图
1:10

10-φ12×25

A向
1:10

B向
1:10

图 12-18　电缆井内电缆桥架安装工艺设计方案二 2

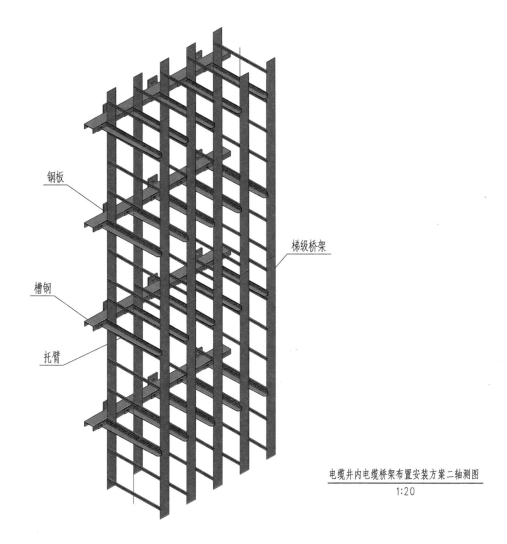

钢板

槽钢

托臂

梯级桥架

电缆井内电缆桥架布置安装方案二轴测图
1:20

图 12-19　电缆井内电缆桥架安装工艺设计方案二 3

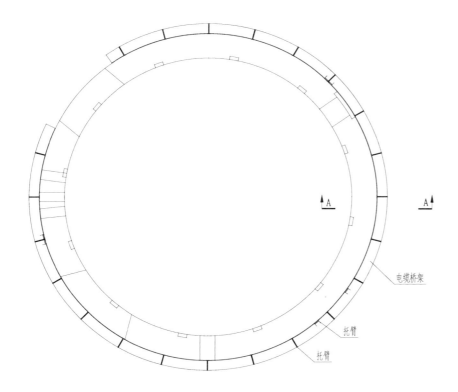

风罩墙外电缆桥架布置安装平面图
1:100

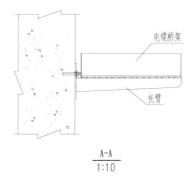

A—A
1:10

说明:
1. 图中尺寸单位为mm计。
2. 水平段桥架托臂位置和垂直段桥架托臂位置由厂家根据受力情况定,原则上间距为1.5m,
   垂直段间距为0.5m,可视现场实际情况加以调整。
3. 图中电缆桥架尺寸根据实际电缆数量选择。
4. 电缆桥架布置遇机墩外孔洞、管路等需绕行,布置方式视现场实际选择并加以调整。

图 12-20　风罩墙外电缆桥架安装工艺设计图 1

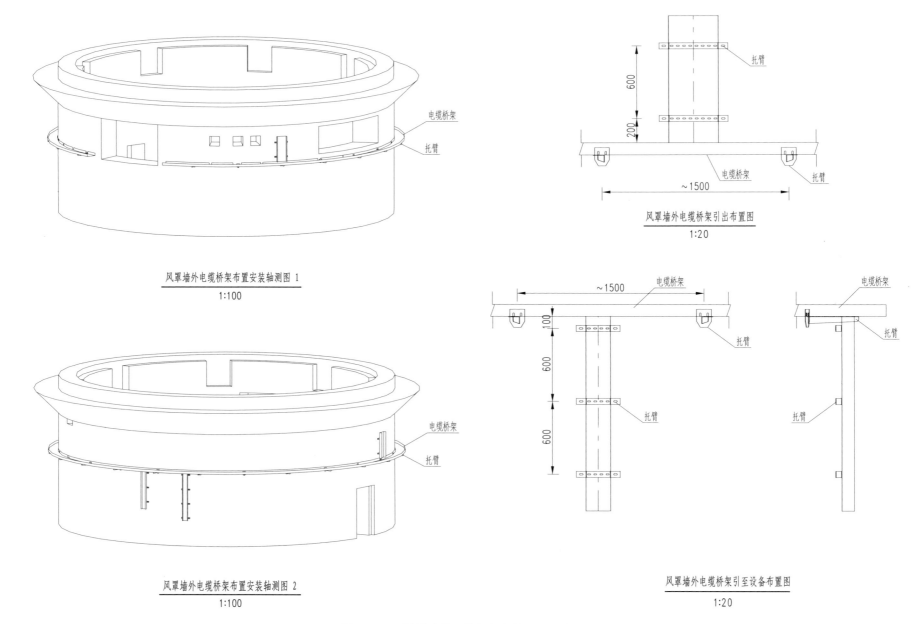

风罩墙外电缆桥架布置安装轴测图 1
1:100

风罩墙外电缆桥架布置安装轴测图 2
1:100

风罩墙外电缆桥架引出布置图
1:20

风罩墙外电缆桥架引至设备布置图
1:20

图 12-21　风罩墙外电缆桥架安装工艺设计图 2

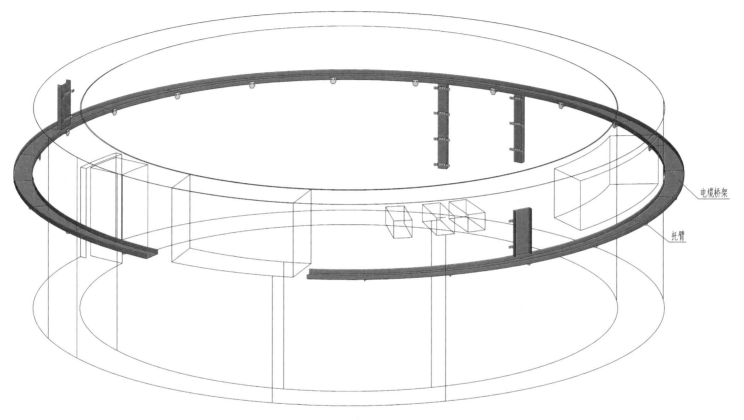

风罩墙外电缆桥架布置安装轴测图

图 12-22 风罩墙外电缆桥架安装工艺设计图 3

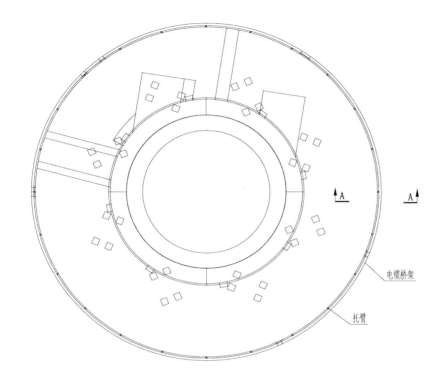

机墩外电缆桥架布置安装平面图
1:100

A—A
1:10

说明:
1. 图中尺寸单位为mm计。
2. 水平段桥架托臂位置和垂直段桥架托臂位置由厂家根据受力情况定,原则上间距为1.5m,
   垂直段间距为0.5m,可视现场实际情况加以调整。
3. 图中电缆桥架尺寸根据实际电缆数量选择。
4. 电缆桥架布置遇机墩外孔洞、管路等需绕行,布置方式视现场实际选择并加以调整。

图 12-23 机墩外电缆桥架安装工艺设计图 1

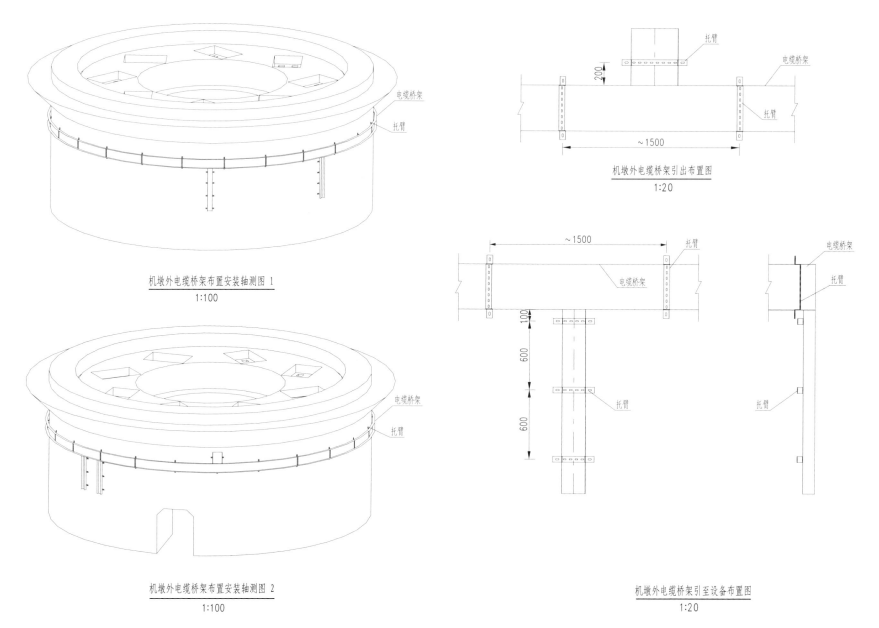

机墩外电缆桥架布置安装轴测图 1
1:100

机墩外电缆桥架布置安装轴测图 2
1:100

机墩外电缆桥架引出布置图
1:20

机墩外电缆桥架引至设备布置图
1:20

图 12-24　机墩外电缆桥架安装工艺设计图 2

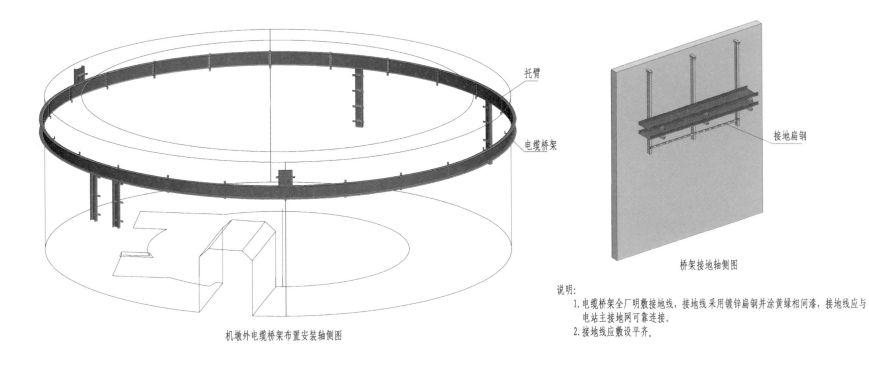

托臂

电缆桥架

接地扁钢

机墩外电缆桥架布置安装轴侧图

桥架接地轴侧图

说明:
1.电缆桥架全厂明敷接地线,接地线采用镀锌扁钢并涂黄绿相间漆,接地线应与电站主接地网可靠连接。
2.接地线应敷设平齐。

图 12-25 机墩外电缆桥架安装工艺设计图 3

图 12-26 电缆桥架接地线安装工艺设计图

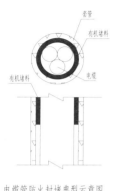

电缆管防火封堵典型示意图

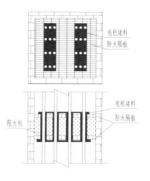

电缆竖井防火封堵典型示意图

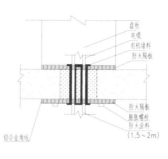

盘柜下电缆孔洞封堵典型示意图

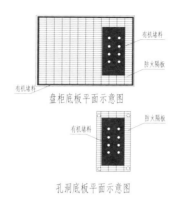

孔洞底板平面示意图

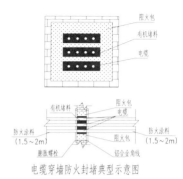

电缆穿墙防火封堵典型示意图

盘柜下电缆孔洞封堵样图

说明:

1.电缆竖井防火设计及施工

电缆竖井每隔7m或每楼层进行封堵,采用上下两层防火隔板、阻火包、有机堵料组合封堵,封堵厚度与楼板厚度齐平。具体施工方法如下:
先用防火隔板作底板(隔板底面用角钢或槽钢为依托)。在电缆四周用有机堵料包裹。其余空间用阻火包填充,上面平铺防火隔板,切割后的空隙用有机堵料封堵成型。封堵后的两侧涂刷1m的防火涂料,涂刷厚度为1.0mm。封堵两侧的电缆涂刷约1m的防火涂料,涂刷厚度为1.0mm。

2.穿楼板电缆孔洞防火设计及施工

孔洞用上下两层防火隔板、阻火包、有机堵料组合封堵,楼板下防火隔板用膨胀螺栓固定,上层防火隔板安装在盘柜内;柜内带有铁盖板的开关柜与下方的楼板孔洞,用一层防火隔板、膨胀型阻火包、有机堵料组合封堵,防火隔板用膨胀螺栓固定在楼板上。封堵厚度与楼板厚度相同;
施工时,先用防火隔板按孔洞大小切割好后用膨胀螺栓固定在楼板底面。在电缆四周用有机堵料包裹。整个孔洞由膨胀型阻火包和有机堵料填充与楼板相平,屏板底部再用防火隔板切割成按屏柜大小。隔板孔隙用有机堵料封堵成型。在封堵后的下端电缆涂刷1m的防火涂料,涂刷厚度为1.0mm。

3.电缆穿墙孔洞施工

电缆穿墙孔洞用防火隔板、膨胀型阻火包和有机堵料封堵,封堵厚度与墙厚度基本相同。施工时先用有机堵料将电缆四周包裹,余下孔洞采用阻火包从下到上交叉堆砌,墙体两侧防火隔板用膨胀螺栓固定墙面上,并在防火墙两侧电缆各1m处涂刷防火涂料,涂刷厚度为1.0mm。

4.所有外露防火隔板采用铝合金角线收口。

图 12-27　电缆防火工艺设计图 1

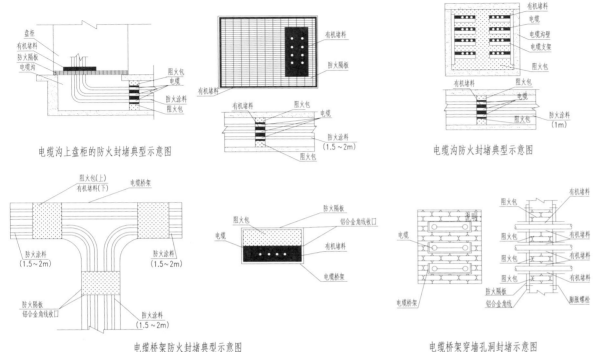

电缆沟上盘柜的防火封堵典型示意图　　　电缆沟防火封堵典型示意图　　　电缆沟防火封堵典型示意图

电缆桥架防火封堵典型示意图　　　　电缆桥架穿墙孔洞封堵示意图

电缆桥架防火阻燃段样图

说明：

1.电缆沟防火设计及施工

　　在电缆沟进、出部位、交叉口、进、出设备洞室的孔洞、转弯处及直线段每约100m处均应设置阻火墙。室内电缆沟用膨胀型阻火包和有机堵料进行组合构筑，厚度为320mm。有排水要求的电缆沟底部用无机防火型砖块垫起，并留有足够的排水洞。

　　施工时在沟底构筑的排水孔洞，高度为沟底第一个支架下，电缆周围需用有机防火堵料均匀包裹密实，其余空隙用阻火包或耐水砖型防火堵料来填充（室外及潮湿部位的电缆沟防火墙应采用具有耐水性能的防火材料制作），施工时从下到上紧密堆砌，一般以交叉堆砌以增强其稳定性，施工好后以对侧不透光为准。并防火墙两侧电缆各1m处涂刷防火涂料，涂刷厚度为1.0mm。为便于查找，施工完毕后在电缆沟盖板上涂刷"防火墙"字样。在电缆沟分支处、交叉处、出入口处、直线段每隔约100m设置防火墙，使电缆沟形成多个防火区域，使火灾发生时互不波及。

2.电缆桥架内防火设计及施工

　　在电缆桥架的分支、弯通、三通、机组段间、端部、直线段每隔20m左右设置防火隔段封堵。施工时，先用有机堵料包裹电缆四周，其余空间用阻火包堆砌。封堵墙的两侧涂刷1.0m长的防火涂料，涂刷厚度为1.0mm。此封堵应形成相对独立的防火分隔段，尽量使火灾控制在最小范围内。防火阻燃段外部用防火隔板包封，防火隔板采用铝合金角线收口，并设置卡扣以方便隔板装卸。

图 12－28　电缆防火工艺设计图 2

第2部分 电缆敷设

设计图目录见表12-2。

表 12-2
设 计 图 目 录

序号	图 名	图 号
1	电缆敷设工艺设计总说明	图 12-29
2	主厂房水轮机层上游侧电缆敷设工艺设计图	图 12-30
3	主厂房母线层下游侧电缆敷设工艺设计图	图 12-31~图 12-32
4	主变洞主变层下游侧电缆敷设工艺设计图	图 12-33
5	交通电缆洞电缆敷设工艺设计图	图 12-34

1. 相关标准

电缆敷设的施工及验收应符合以下标准的要求：

(1) 抽水蓄能电站工程工艺设计导则。

(2) 抽水蓄能电站工程建设补充规定。

(3)《电气装置安装工程电缆线路施工及验收规范》(GB 50168—2006)。

(4)《水电工程设计防火规范》(GB 50872—2014)。

(5)《电力工程电缆设计规范》(GB 50217—2007)。

(6)《建筑电气工程施工质量验收规范》(GB 50303—2002)。

(7)《电气装置安装工程电气设备交接试验标准》(GB 50150—2006)。

2. 电缆枢纽布置说明

根据某典型抽水蓄能电站工程的枢纽布置。电站枢纽由上水库、下水库、输水系统、地下厂房洞室群、地面开关站、中控楼等建筑物组成。其相关的电缆通道说明如下。

(1) 地下厂房与上库的电缆通道：地下厂房、主变洞——500kV 出线洞——500kV 开关站 GIS 室电缆层——电缆沟——至上库架空线——最终到达上库启闭机房；

(2) 地下厂房与下库的电缆通道：地下厂房、主变洞——500kV 出线洞——500kV 开关站 GIS 室电缆层——开关站电缆沟——公路电缆沟——下库启闭机房；

(3) 地下厂房至 500kV 开关站的电缆通道：地下厂房、主变洞——500kV 出线洞——500kV 开关站 GIS 室电缆层——电缆沟——继保楼；

(4) 地下厂房与中控楼的电缆通道为：地下主厂房端副厂房、主变洞——进厂交通洞电缆沟——中控楼户外电缆沟——中控楼。

3. 电缆敷设安装原则说明及要求

(1) 电缆编号参阅电缆清册。其中的电缆长度仅作备料订货之用，具体切割长度应以现场实际敷设长度为准。高压电缆在敷设时应预留适当长度以备在更换电缆头等情况下仍能作一定切割，不致更换整根电缆。

(2) 电缆沿桥架明敷时，按以下分类自上而下、自右而左分层敷设。

1) 工作电压大于 400V 的动力电缆。

2) 交、直流动力电缆、照明电缆。

3) 控制和监控电缆、通信电缆。

4) 仪用电缆 (PT、CT 二次侧)

(3) 所有电缆敷设的路径按由该电缆通过的节点号确定。

(4) 动力电缆敷设时不宜重叠敷设。

(5) 电缆在任何敷设方式及其全部路径条件的上下左右改变部位，都应满足电缆允许弯曲半径要求。各型电缆允许弯曲半径，可由相应的电缆制造标准查明。

(6) 当支架层数受通道空间限制时，相邻类别的电缆可排列于同一层电缆支架。

(7) 电缆的固定，除图纸另有规定外，应符合 GB 50168 第 5.1.20 条规定。

(8) 当支架层数受通道空间限制时，相邻类别的电缆可排列于同一层电缆支架。

(9) 由楼板上开孔引下至桥架的明敷电缆，应首先在桥架支柱设横档，所有引下的电缆与横档固定，并排列整齐。

(10) 所有电缆敷设除按图纸及本说明要求外，应尽量减少相互交叉。当电缆交叉不可避免时，单根电缆相互之间或数根电缆之间的交叉应在单根电缆的始端或终端进行，即在配电装置间隔下部，控制屏、保护屏的下部及各设备的引出线处进行交叉，成排交叉宜在竖井上部进行。

(11) 对于多芯电缆，钢带和屏蔽均应采取两端接地的方式；当电缆穿过零序电流互感器时，屏蔽接地不应穿过零序电流互感器(电缆穿过零序电流互感器后制作电缆头，其电缆头屏蔽接地应采用绝缘方式反穿过零序电流互感器后接地)。

(12) 电缆进入电缆沟、隧道、竖井、建筑物、盘(柜)以及穿入管子时，出入口应封闭，管口应密封。

(13) 电缆的首端、末端和分支处应设标志牌。

(14) 电缆敷设严禁有绞拧、铠装压扁、护层断裂和表面严重划伤等缺陷。

(15) 电力电缆在终端头与接头附近宜留有备用长度。

(16) 电缆在托盘、梯架内的填充率应不超过国家现行有关标准的规定值。动力电缆可取 40%～50%、控制电缆可取 50%～70%。且宜预留 10%～25% 的工程发展裕量。

(17) 交流单芯电力电缆，应布置在同层桥架(同侧伏架)上，宜按正三角排列，并每隔 1m 用尼龙卡带、绑线或金属卡子扎牢。不得采用铁丝直接捆扎电缆。单芯电力电缆固定夹具或材料不应构成闭合磁路。直流系统用单芯电力电缆的同一回路采取并列布置。

(18) 电缆桥架内敷设的电缆，应用尼龙卡带、绑线或金属卡子进行固定，固定点要求如下。

1) 水平敷设的电缆。首尾两端、转弯两侧及每隔 5～10m 处设固定点；

2) 垂直敷设时，每隔 1000～1500mm；

3) 不同标高的端部；

4) 大于 45° 倾斜敷设的电缆每隔 2m 处设固定点。

(19) 电缆架上敷设的电缆，应用尼龙卡带、绑线或金属卡子进行固定，固定点要求如下。

1) 水平敷设时，与每个支架；

2) 垂直敷设时，与每个支架。

(20) 电缆桥架内电缆敷设适用范围包括水工观测，安全监测等其他专业的电缆，不包括 220kV 及以上电压等级的所有电缆。

(21) 10kV 电缆尽量避免出现中间接头的情况，如必须设置，有条件时优先采用电缆分支箱。

电缆路径编码对照表

编码	A	B	C	D
地点	主厂房	副厂房	主变洞	主变洞副厂房
编码	E	F	G	H
地点	安装场副厂房	500kV 电缆出线斜井	交通电缆道	母线洞
编码	J	K	L	M
地点	进厂交通洞	地面 GIS 室	继保楼	中控楼
编码	N	P	Q	R
地点	上库	下库	35kV 变电所	柴油发电机房
编码	S	T	U	
地点	通风兼安全洞	主变排风洞	其他	

图 12-29 电缆敷设工艺设计总说明

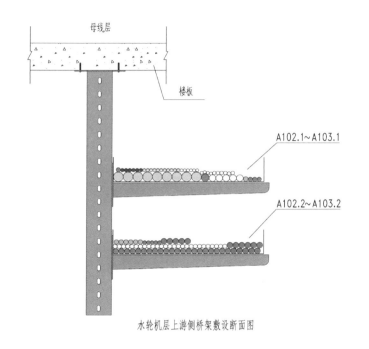

母线层
楼板
A102.1～A103.1
A102.2～A103.2

水轮机层上游侧桥架敷设断面图

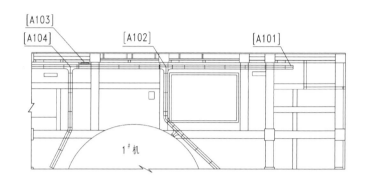

[A103]
[A104]
[A102]
[A101]
1#机

水轮机层上游侧桥架平面示意图

水轮机层上游侧桥架敷设轴测图

说明：电缆桥架从上至下第一层敷设动力电缆，第二层敷设控制、保护通信电缆。

A102.1~A103.1区域电缆

序号	电缆编号	序号	电缆编号	序号	电缆编号	序号	电缆编号	序号	电缆编号
101	1BFA02-1008	116	YBHC01-1001	201	YBMC02-1003	216	YBGA01-1115	231	1BUB10-1411
102	1BFA02-1008	117	YBMC02-1001	202	YBGA01-1002	217	YBGA01-1215	232	1BUB10-1441
103	1BFB02-1008	118	YSAY12-1001	203	YBGA01-1003	218	YBMC02-1005	233	1BUB10-1463
104	1BFB02-1008	119	YSAY12-1002	204	YBGA01-1004	219	1CJA10-8109	234	1BUB10-1466
105	1BFA03-1005			205	YBGA01-1005	220	1CJA10-8110		
106	1BFA03-1006			206	YBGA01-1008	221	1BGA02-1112		
107	1BFB01-1004			207	YBGA01-1009	222	1BGA02-1116		
108	1BFB01-1005			208	1BGA02-1001	223	YSAY10-1216		
109	1BFB01-1006			209	1BGA02-1002	224	1BGA02-1316		
110	YBFA04-1007			210	1BGA02-1003	225	YBMC02-1102		
111	YBFA06-1002			211	1BGA02-1004	226	YBMC02-1202		
112	YBFB01-1004			212	1BGA02-1005	227	YBMC02-1302		
113	YBFB03-1005			213	1BGA02-1006	228	YBMC02-1104		
114	YBFB03-1006			214	YBGA01-1114	229	YBMC02-1304		
115	YBMA03-1002			215	YBGA01-1214	230	YBMC02-1106		

A102.2~A103.2区域电缆

序号	电缆编号	序号	电缆编号	序号	电缆编号	序号	电缆编号	序号	电缆编号	序号	电缆编号	序号	电缆编号
101	1MFY20-5001	116	1MFY20-5016	201	YSAY10-5015	216	1MFY20-4015	208	1MFY20-8001	301	1MFY20-5019	311	1BUA11-0207
102	1MFY20-5002	117	1MFY20-5017	202	1MFY20-4001	217	1MFY20-4016	209	1MFY20-8002	302	1MFY20-5010	312	1MFY20-8004
103	1MFY20-5003	118	1MFY20-5018	203	1MFY20-4002	218	1MFY20-4017	210	1MFY20-8003	303	1MFY20-5021	313	1MFY20-8005
104	1MFY20-5004	119	1MFY20-5022	204	1MFY20-4003	219	1MFY20-4018			304	1CYE10-5001	314	1MFY20-8006
105	1MFY20-5005	120	1MFY20-5023	205	1MFY20-4004	220	1MFY20-4019			305	1CYE10-5002	315	1MFY20-8007
106	1MFY20-5006	121	1MFY20-5024	206	1MFY20-4005	221	1MFY20-4020			306	1MFY20-4026	316	1MFY20-8008
107	1MFY20-5007	122	YSAY10-6020	207	1MFY20-4006	222	1MFY20-4021			307	1BUA11-0312		
108	1MFY20-5008	123	YSAY10-6021	208	1MFY20-4007	223	1MFY20-4022			308	2BUA11-0312		
109	1MFY20-5009	124	YSAY10-6022	209	1MFY20-4008	224	1MFY20-4023			309	3BUA11-0312		
110	1MFY20-5010	125	YSAY10-6023	210	1MFY20-4009	225	1MFY20-4024			310	4BUA11-0312		
111	1MFY20-5011	126	YSAY10-6024	211	1MFY20-4010	226	1MFY20-4025						
112	1MFY20-5012			212	1MFY20-4011	227	1CYE10-4001						
113	1MFY20-5013			213	1MFY20-4012	228	YSAY10-6025						
114	1MFY20-5014			214	1MFY20-4013	229	YSAY10-6026						
115	1MFY20-5015			215	1MFY20-4014	230	YSAY10-6027						

图 12-30 主厂房水轮机层上游侧电缆敷设工艺设计图

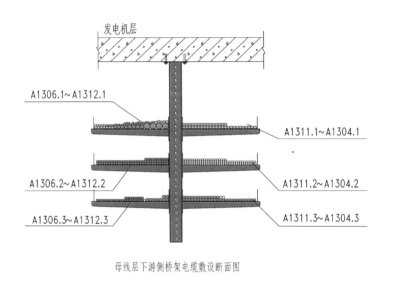

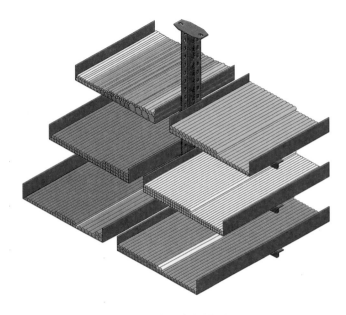

母线层下游侧桥架电缆敷设断面图

母线层下游侧桥架电缆敷设轴测图

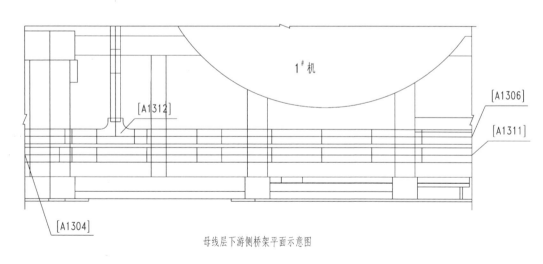

说明：电缆桥架A3303.1～A3312.1层敷设动力电缆，其余层敷设控制、保护、通信等二次电缆。

母线层下游侧桥架平面示意图

图 12-31   主厂房母线层下游侧电缆敷设工艺设计图 1

A1306.1~A1312.1区域电缆

序号	电缆编号	序号	电缆编号	序号	电缆编号	序号	电缆编号
101	YBUA10-0106	117	1MLC10-1105	214	1BUA11-0106	230	1BUA11-0302
102	YBUA10-0206	118	1MLC10-1106	215	1BUA11-0107	231	1BGA01-1203
103	YBUA10-0107	119	1MLC10-1201	216	1BUA11-0205	232	1BGA01-1205
104	YBUA10-0207	201	1MLC10-1202	217	1BUA11-0304	233	1CHA10-1000
105	YBUA10-0104	202	1MLC10-1203	218	1BUA11-0108	234	1CHB10-1000
106	YBUA10-0204	203	1MLC10-1204	219	1BUA11-0206	235	1BUA11-0116
107	YBUA10-0105	204	1MLC10-1205	220	1BUA11-0112	236	1BUA11-0216
108	YBUA10-0205	205	1MLC10-1206	221	1BUA11-0212	301	4BAT01-6001
109	YBUA10-0110	206	1BUA11-0209	222	1BUA11-0113	302	1BUA11-0108
110	YBUA10-0210	207	1BUA11-0208	223	1BUA11-0114	303	1BUA11-0206
111	YBUA10-0111	208	1BUA11-0207	224	1BUA11-0213	304	1BUA11-0315
112	YBUA10-0211	209	1BUA11-0104	225	1BUA11-0115	305	2BUA11-0108
113	1MLC10-1101	210	1BUA11-0204	226	1BUA11-0214	306	2BUA11-0206
114	1MLC10-1102	211	1BUA11-0401	227	1BUA11-0303	307	2BUA11-0315
115	1MLC10-1103	212	1BUA11-0402	228	1BUA11-0215	308	3BUA11-0108
116	1MLC10-1104	213	1BUA11-0105	229	1BUA11-0301		

A1306.2~A1312.2区域电缆

序号	电缆编号	序号	电缆编号	序号	电缆编号	序号	电缆编号	序号	电缆编号
101	1MFY20-9001	116	1BAA02-9407	201	1BAC01-9001	216	1CHA10-9106	301	YBBF03-9000
102	1BAA03-9409	117	1BAA02-9408	202	1BAC01-9002	217	1CHA10-9201	302	YBBF03-9001
103	1BAA02-9300	118	1BAA03-9300	203	1BAA01-9001	218	1CHA10-9202	303	1MLC10-9000
104	1BAA02-9400	119	1BAA03-9400	204	1BAA01-9002	219	1CHB10-9410	304	1MLC10-9001
105	1BAA02-9302	120	1BAA03-9401	205	1BAA01-9003	220	1CRN10-9001	305	1BAT01-9002
106	1BAA02-9303	121	1BAA03-9402	206	1BAA01-9004	221	1CRN10-9001	306	1CHB10-9000
107	1BAA02-9304	122	1BAA03-9403	207	1CHA10-9001	222	1CRN10-9002	307	1CHB10-9001
108	1BAA02-9305	123	1BAA03-9404	208	1CHA10-9002	223	1CRN10-9003	308	1CHB10-9002
109	1BAA02-9400	124	1BAA03-9405	209	1CHA10-9003	224	1BAA01-9005	309	1BAT01-9000
110	1BAA02-9401	125	1BAA03-9408	210	1CHA10-9004	225	YASJ12-9111	310	1BAT01-9001
111	1BAA02-9402	126	1MFY12-5006	211	1CHA10-9101	226	YASJ12-9101		
112	1BAA02-9403	127	1MLC10-9002	212	1CHA10-9102	227	YASJ12-9103		
113	1BAA02-9404	128	1MLC10-9003	213	1CHA10-9103	228	YASJ12-9105		
114	1BAA02-9405	129	1MLC10-9300	214	1CHA10-9104	229	YMFM02-9000		
115	1BAA02-9406	130	1MLC10-9302	215	1CHA10-9105	230	YMFM02-9001		

A1306.3~A1312.3区域电缆

序号	电缆编号	序号	电缆编号	序号	电缆编号
101	1BAA02-6601	115	1MFY20-2501	201	1BAA03-6606
102	1BAA02-6602	116	1MFY20-5005	202	1BAA03-6607
103	1BAA02-6603	117	1MLY11-2502	203	1BAC01-5002
104	1BAA02-6604	118	1BAT01-5100	204	1BAC01-5004
105	1BAA03-6601	119	1CHB10-5101	205	1BAC01-5006
106	1BAA03-6602	120	1MFY12-5003	206	1CHA10-5000
107	1BAA03-6604	121	1MFY12-5004	207	1CHA10-5002
108	YCYE10-4004	122	1MLC10-2003	208	1CHA10-5005
109	1MFY11-5003	123	1MLC10-6004	209	1CHC10-5000
110	1MFY11-5004	124	1BAC01-2014	210	1CEJ10-5000
111	1MFY20-4006	125	1BAC01-2019	211	1BAT01-6004
112	1MFY20-4003	126	1BAC01-2100	212	1CHB10-5000
113	1MFY20-5002	127	1BAC01-2101	213	1BAT01-6001
114	1MFY20-2012	128	1BAC01-2201		

A1311.1~A1304.1区域电缆

序号	电缆编号	序号	电缆编号	序号	电缆编号
101	1MLY20-6501	116	1MLC10-6006	206	1MFY13-8000
102	1MLY20-6502	117	1MLC10-6007	207	1MLY11-8000
103	1MLY20-6503	118	1MLC10-6008	208	YSAY20-6024
104	1MLY20-6504	119	1MLC10-6009	209	YSAY20-6018
105	1MFY20-6001	120	1MLC10-6010	210	YSAY20-6020
106	1MFY20-6002	121	1CHA10-8001	211	YSAY20-6022
107	1MFY20-6003	122	1CHA10-8002	212	1CHB10-8000
108	1MFY20-6004	123	1CHA10-8003	213	1CHB10-8001
109	2MFY20-6001	124	1CHA10-8004	214	1BAT01-6005
110	3MFY20-6001	125	1CEJ10-8000	215	1BAT01-6006
111	4MFY20-6001	201	1BAT01-8000		
112	1BAA03-6603	202	1CHB10-8002		
113	1BAA03-6605	203	1CHB10-8003		
114	1MFY12-8001	204	1MFY20-8000		
115	1MLC10-6001	205	1MFY20-8000		

A1311.3~A1304.3区域电缆

序号	电缆编号	序号	电缆编号	序号	电缆编号
101	1MLY20-5001	115	1CHB10-5103	203	1CHA10-5001
102	1MFY20-4000	116	1CHB10-5104	204	1CHA10-5100
103	1MFY20-2002	117	1MFY12-2001	205	1CHA10-5101
104	1MFY20-5001	118	1MLC10-2010	206	1CHA10-5103
105	1MFY20-5003	119	1MLC10-2011	207	1CHA10-5104
106	1MFY20-5004	120	1MLC10-6002	208	1CHA10-6100
107	1MFY20-5002	121	1MLC10-6011	209	1CHA10-5101
108	1MLY11-2701	122	1MLC10-6011	210	1BAA02-5100
109	1BAA02-5000	123	1BAC01-2002	211	YARA12-2112
110	1BAA03-5000	124	1BAC01-2020	212	YARA12-2212
111	1BAC01-6000	125	1BAC01-5001	213	1CHB10-5001
112	1BAC01-6001	126	1BAC01-5003	214	1BAT01-6000
113	1CHB10-5100	201	1BAC01-6100	215	1GM-901
114	1CHB10-5102	202	1BAC01-6101	216	1GM-902

A1311.2~A1304.2区域电缆

序号	电缆编号	序号	电缆编号	序号	电缆编号	序号	电缆编号	序号	电缆编号	序号	电缆编号
101	1MFY11-5016	116	1MFY20-5007	131	1BAC01-2009	211	1BAA02-6201	226	YARA12-2111	306	1MLC10-6000
102	1MLC10-5601	117	1BAA01-2200	132	1BAC01-2012	212	1BAA02-2001	227	YARA12-2113	307	1BAT01-6003
103	1MFY20-2001	118	1MLY11-2702	133	1BAC01-2015	213	1BAA02-2002	228	YARA12-2201	308	1CHB10-2052
104	1MFY20-2013	119	1MLY11-2501	134	1BAC01-2016	214	1BAA02-2003	229	YARA12-2202	309	1CHB10-2051
105	1MFY20-2010	120	1CRN10-2801	135	1BAC01-6003	215	1BAA02-2004	231	YARA12-2211	310	1CHB10-2050
106	1MFY20-2003	121	1CRN10-2802	201	1BAC01-6004	216	1BAA02-2005	232	YARA12-5102	311	1CHB10-2053
107	1MFY20-2004	122	1MLC10-2001	202	1BAC01-6005	217	1BAA02-2006	233	YARA12-5202	312	1CHB10-2101
108	1MFY20-2005	123	1MLC10-2004	203	1BAC01-6007	218	1BAA02-2701	234	1CHB10-2002	313	1CHB10-2104
109	1MFY20-2006	124	1MLC10-2012	204	1CHA10-2001	219	1BAA02-6002	235	1CHB10-2003	314	1CHB10-2102
110	1MFY20-2007	125	1MLC10-2013	205	1CHA10-2053	220	1BAA02-2701	301	1CHB10-2000	315	1CHB10-2105
111	1MFY20-2008	126	1MLC10-2016	206	1CHA10-2101	221	1BAA03-2701	302	1CHB10-2001	316	1CHB10-2100
112	1MFY20-5301	127	1MLC10-6005	207	1CHA10-2102	222	YCYE10-5301	303	1CHB10-2004	317	1CHB10-2103
113	1MFY20-5302	128	1MLC10-6500	208	1CHA10-2201	223	YARA12-2101	304	1CHB10-2006	318	1CHB10-2106
114	1MFY20-2009	129	1BAC01-2003	209	1CHA10-2202	224	YARA12-2102	305	1CHB10-2005	319	1CHB10-2107
115	1MFY20-2011	130	1BAC01-2004	210	1CHA10-6200	225	YARA12-2103			320	1CHB10-2108
										321	1CHB10-2109

图 12-32　主厂房母线层下游侧电缆敷设工艺设计图 2

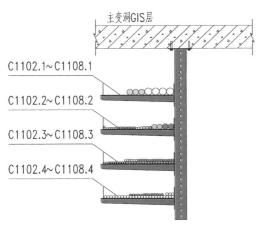

C1102.1~C1108.1

C1102.2~C1108.2

C1102.3~C1108.3

C1102.4~C1108.4

主变层下游侧桥架电缆敷设断面图

[C1107]

[C1102]

[C1108]

主变层下游侧桥架平面示意图

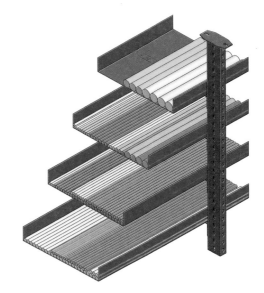

主变层下游侧桥架电缆敷设轴测图

C1102.1~C1108.1区域电缆

序号	电缆编号
101	YBBT01-0001
102	YBBT01-0001
103	YBBT02-0001
104	YBBT02-0001
105	YBBA10-0001
106	YBBB07-0001
107	YBBB09-0001

C1102.2~C1108.2区域电缆

序号	电缆编号	序号	电缆编号
101	YBGE08-1301	114	YBHA02-1008
102	YBGE15-1201	115	YBHB02-1206
103	YBGB02-1103	116	YBHB02-1206
104	YBGB02-1303	117	YBHB03-1102
105	YBGB02-1009	118	YBHB03-1009
106	YBGB02-1010	119	YBUA10-0109
107	YBGB02-1007	120	YBUA10-0209
108	YBGB02-1011	121	YBUA12-0102
109	YBGB02-1012	122	YBUA12-0202
110	YBGB06-1310	123	YBUA12-0121
111	YBHA01-1109	124	YBUA12-0212
112	YBHA01-1209	201	YBGB06-1110
113	YBHA02-1006		

C1102.3~C1108.3区域电缆

序号	电缆编号	序号	电缆编号	序号	电缆编号	序号	电缆编号	序号	电缆编号
101	YASJ12-5101	111	YASJ34-5102	121	YARA12-9201	131	YASJ12-9103	206	YASJ34-9105
102	YASJ12-5102	112	YASJ34-5103	122	YARA12-9202	132	YASJ12-9104	207	YASJ34-9106
103	YASJ12-5103	113	YASJ34-5105	123	YARA34-9101	133	YASJ12-9105	208	YASJ12-5104
104	YASJ12-5105	114	YASJ34-2101	124	YARA34-9102	134	YASJ12-9106	209	YASJ12-3101
105	YASJ12-2101	115	YASJ34-2102	125	YARA34-9201	135	YASJ34-9111	210	YASJ12-3102
106	YASJ12-2102	116	YASJ34-3111	126	YARA34-9202	201	YASJ34-9112	211	YASJ12-3103
107	YASJ12-3111	117	YASJ34-3112	127	YASJ12-9111	202	YASJ34-9101	212	YASJ34-5104
108	YASJ12-3112	118	YASJ34-3113	128	YASJ12-9112	203	YASJ34-9102	213	YASJ34-3101
109	YASJ12-3113	119	YARA12-9101	129	YASJ12-9101	204	YASJ34-9103	214	YASJ34-3102
110	YASJ34-5101	120	YARA12-9102	130	YASJ12-9102	205	YASJ34-9104	215	YASJ34-3103

C1102.4~C1108.4区域电缆

序号	电缆编号	序号	电缆编号	序号	电缆编号	序号	电缆编号
101	YSAY30-8001	114	YSAY30-8014	201	YCQA10-8010	213	YSAY30-5002
102	YSAY30-8002	115	YSAY30-8015	202	YCQA10-8011	214	YSAY30-5003
103	YSAY30-8003	116	YSAY30-8016	203	YCQA10-8012	215	YSAY30-5004
104	YSAY30-8004	117	YCQA10-8001	204	YBUA12-0123	216	YSAY30-5005
105	YSAY30-8005	118	YCQA10-8002	205	YBUA12-0223	217	YSAY30-5006
106	YSAY30-8006	119	YCQA10-8003	206	YBUA12-0124	218	YSAY30-5007
107	YSAY30-8007	120	YCQA10-8004	207	YBUA12-0224	219	YSAY30-5008
108	YSAY30-8008	121	YCQA10-8005	208	YBUA12-0125	220	YSAY30-5009
109	YSAY30-8009	122	YCQA10-8006	209	YBUA12-0225	221	YSAY30-5010
110	YSAY30-8010	123	YCQA10-8007	210	YBUA12-0126		
111	YSAY30-8011	124	YCQA10-8008	211	YBUA12-0226		
112	YSAY30-8012	125	YCQA10-8009	212	YSAY30-5001		
113	YSAY30-8013						

说明：电缆桥架第一层敷设高压动力电缆，第二层敷设低压动力电缆，第三层和第四层敷设控制、保护、通信等二次电缆。

图12-33 主变洞主变层下游侧电缆敷设工艺设计图

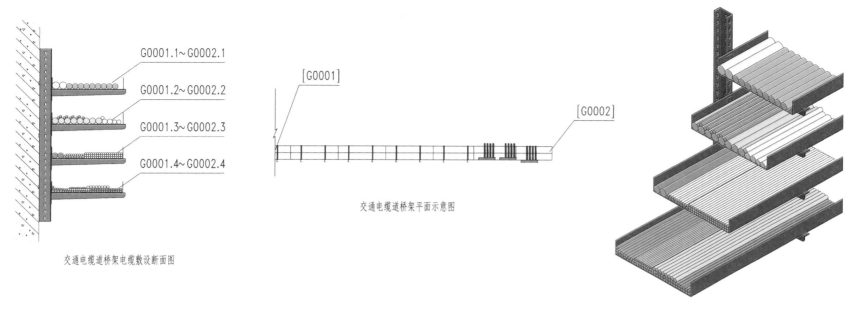

交通电缆道桥架电缆敷设断面图

交通电缆道桥架平面示意图

交通电缆道桥架电缆敷设轴测图

说明：电缆桥架第一层敷设高压动力电缆，第二层敷设低压动力电缆，第三层和第四层敷设控制、保护、通信等二次电缆。

G0001.1~G0002.1区域电缆

序号	电缆编号
101	YBBA08-0001
102	YBBB04-0001
103	YBBA02-0001
104	YBBA03-0001
105	YBBA04-0001
106	YBBA07-0001
107	YBBA11-0001
108	YBBB03-0001
109	YBBB08-0001
110	YBBB11-0001
111	YBBB12-0001

G0001.3~G0002.3区域电缆

序号	电缆编号	序号	电缆编号	序号	电缆编号	序号	电缆编号	序号	电缆编号	序号	电缆编号
101	YBUA10-0109	114	YBBA06-5001	127	YBBA02-2001	211	YARA12-2114	224	YARA12-5203	308	YARA34-2203
102	YBUA10-0209	115	YBBA06-2001	128	YBBA03-5001	212	YARA12-2116	225	YARA34-2101	309	YARA34-2204
103	YARA12-2112	116	YBBA06-2002	129	YBBA03-2001	213	YARA12-2201	226	YARA34-2102	310	YARA34-2205
104	YARA12-2115	117	YBBA02-2002	201	YBBB03-5001	214	YARA12-2202	227	YARA34-2103	311	YARA34-2206
105	YARA12-2212	118	YBBA03-2002	202	YBBB03-2001	215	YARA12-2203	228	YARA34-2104	312	YARA34-2211
106	YARA12-2215	119	YBBA02-2002	203	YARA12-2101	216	YARA12-2204	229	YARA34-2105	313	YARA34-2212
107	YARA34-2112	120	YBBB05-5001	204	YARA12-2102	217	YARA12-2205	301	YARA34-2106	314	YARA34-2214
108	YARA34-2115	121	YBBB05-2001	205	YARA12-2103	218	YARA12-2206	302	YARA34-2112	315	YARA34-2215
109	YARA34-2212	122	YBBB05-2002	206	YARA12-2104	219	YARA12-2211	303	YARA34-2113	316	YARA34-5102
110	YARA34-2215	123	YBBB06-5001	207	YARA12-2105	220	YARA12-2214	304	YARA34-2114	317	YARA34-5103
111	YBBA05-5001	124	YBBB06-2001	208	YARA12-2106	221	YARA12-5102	305	YARA34-2116	318	YARA34-5202
112	YBBA05-2001	125	YBBB06-2002	209	YARA12-2111	222	YARA12-5103	306	YARA34-2201	319	YARA34-5203
113	YBBA05-2002	126	YBBA02-5001	210	YARA12-2113	223	YARA12-5202	307	YARA34-2202		

G0001.2~G0002.2区域电缆

序号	电缆编号	序号	电缆编号
101	YBFA03-1001	112	YBMA03-1004
102	YBFA03-1001	201	YBHA01-1109
103	YBFA03-1001	202	YBHA02-1008
104	YBFB05-1001	203	YBHB02-1005
105	YBFB05-1001	204	YBHB02-1106
106	YBFB05-1001	205	YBHB02-1107
107	YBMA03-1005	206	YBHB03-1102
108	YBMB04-1004	207	YBHB03-1009
109	YBGE08-1101	208	YBHC01-1002
110	YBGE15-1101	209	YBHC01-1104
111	YBMA03-1003	210	YBHD01-1101

G0001.4~G0002.4区域电缆

序号	电缆编号	序号	电缆编号	序号	电缆编号	序号	电缆编号	序号	电缆编号	序号	电缆编号
101	1BAT01-6000	115	YASJ34-9101	129	YMFM03-9000	213	4BAT01-9000	227	2BAT01-6004	309	3BUA11-0206
102	2BAT01-6000	116	YASJ34-9102	130	YMFM03-9001	214	4BAT01-9001	228	2BAT01-6002	310	3BUA11-0315
103	3BAT01-6000	117	YASJ34-9103	201	YBBF04-9000	215	1CHB10-2002	229	2BAT01-6001	311	4BUA11-0108
104	4BAT01-6000	118	YASJ34-9104	202	YBBF04-9001	216	4CHB10-2002	230	3BAT01-6004	312	4BUA11-0206
105	YASJ12-9111	119	YASJ34-9105	203	2BAT01-9002	217	1CHB10-2003	231	3BAT01-6002	313	4BUA11-0315
106	YASJ12-9112	120	YASJ34-9106	204	2BAT01-9001	218	4CHB10-2003	232	3BAT01-6001	314	1BAT01-6005
107	YASJ12-9101	121	YMFM02-9000	205	2BAT01-9001	219	1CHB10-2000	301	4BAT01-6001	315	1BAT01-6006
108	YASJ12-9102	122	YMFM02-9001	206	3MLC10-9000	220	4CHB10-2000	302	1BUA11-0108	316	2BAT01-6005
109	YASJ12-9103	123	YBBF03-9000	207	3MLC10-9001	221	1CHB10-2001	303	1BUA11-0206	317	3BAT01-6005
110	YASJ12-9104	124	YBBF03-9001	208	3BAT01-9002	222	4CHB10-2001	304	1BUA11-0315	318	3BAT01-6005
111	YASJ12-9105	125	1MLC10-9000	209	3BAT01-9001	223	2BAT01-6003	305	2BUA11-0108	319	3BAT01-6005
112	YASJ12-9106	126	1MLC10-9001	210	3BAT01-9001	224	2BAT01-6003	306	2BUA11-0206	320	4BAT01-6005
113	YASJ34-9111	127	1BAT01-9000	211	4MLC10-9000	225	3BAT01-6003	307	2BUA11-0315	321	4BAT01-6006
114	YASJ34-9112	128	1BAT01-9001	212	4MLC10-9001	226	1BAT01-6001	308	3BUA11-0108		

图 12-34　交通电缆洞电缆敷设工艺设计图

动力电缆清册范例

动力电缆清册范例说明如下：

（1）本动力电缆清单包括电站检修系统、保安系统、机组自用电、主厂房公用电、主变洞公用电、照明系统、开关站、上库、下库、中控楼等处所用的 0.6/1kV 电缆以及 8.7/10kV、18/20kV 厂用电缆。

（2）对于多根并联的电缆，长度指多根电缆总长度。

（3）厂家供货部分电缆详见厂家供货清册。

（4）电缆敷设前应实地放样核对电缆长度。

动力电缆清册范例详见表 12-3~表 12-13。

序号	电缆编号	电缆型号	电压等级/kV	芯数及载面 mm²	长度/m	自何处	经何处	至何处	备注
1	YBBF03－0001～0006	WDZA－YJY	18/20	1×300	60	主变洞▽－36.60TYP 电流互感器柜＝YBBF03	主变洞▽－36.60 1#厂变室电缆沟	主变洞▽－36.60 1#厂变＝YBBT01	每相 2 根，共 6 根
2	YBBF04－0001～0006	WDZA－YJY	18/20	1×300	84	主变洞▽－36.60TYP 电流互感器柜＝YBBF04	主变洞▽－36.60 2#厂变室电缆沟	主变洞▽－36.60 2#厂变＝YBBT02	每相 2 根，共 6 根
3	YBBF01－0007～0012	WDZA－YJY	18/20	1×300	150	主变洞▽－29.10 1#厂变输入电抗器＝YBBF00	主变洞▽－36.60 桥架 C1102.1－C1103.1－C1101.1	主变洞▽－36.60 1#厂变断路器柜＝YBBF01	每相 2 根，共 6 根
4	YBBF02－0007～0012	WDZA－YJY	18/20	1×300	150	主变洞▽－29.10 2#厂变输入电抗器＝YBBF05	主变洞▽－36.60 桥架 C4106.1－C4104.1－C4105.1	主变洞▽－36.60 2#厂变断路器柜＝YBBF02	每相 2 根，共 6 根
5	YMFM02－0007～0012	WDZA－YJY	18/20	1×300	84	主变洞▽－29.10 1# SFC 输入电抗器＝YMFM01	主变洞▽－36.60 桥架 C1101.1	主变洞▽－36.60 1# SFC 输入断路器柜＝YMFM02 GH001	每相 2 根，共 6 根
6	YMFM03－0007～0012	WDZA－YJY	18/20	1×300	84	主变洞▽－29.10 2# SFC 输入电抗器＝YMFM08	主变洞▽－36.60 桥架 C4105.1	主变洞▽－36.60 2# SFC 输入断路器柜＝YMFM03 GH001	每相 2 根，共 6 根
7	YMFM02－0001～0006	WDZA－YJY	18/20	1×300	420	主变洞▽－36.60TYP 电流互感器柜＝YMFM02 GH002	1#厂用变室电缆沟－C1002.1－主变洞▽－42.30 电缆沟－C1001.1－D0003.1－C0004.1－D0005.1－C0006.3－D0103.3－D0102.1	SFC 输入变压器	每相 2 根，共 6 根

序号	电缆编号	电缆型号	芯数及截面/mm²	长度/m	自何处	经何处	至何处	备注
1	YBHE01－1002～1005	WDZA－YJY23	3×185＋2×95	64	检修配电盘＝YBHE01	A1210.1－A1211.1	水轮机层检修母线槽＝YBGE01	4 根并联
2	YBGD02－1101	WDZA－YJY23	3×50＋2×25	110	水轮机层下游侧母线槽插接箱＝YBGD02	A1211.1－B0309.2－G0001.2－G0002.2－D0001.2－D0002.1－D0101.1－D0222.1－D0221.2－D0217.2－D0215.2－D0223.2－埋管	主变洞副厂房▽－26.10检修箱＝YBLC01	
3	YBGD02－1201	WDZA－YJY23	3×50＋2×25	60	主变洞副厂房▽－26.10检修箱＝YBLC01	D0223.2－D0215.2－D0217.2－D0221.2－D0222.1－D0301.1－D0304.1	主变洞副厂房▽－21.60检修柜＝YBLC02	
4	YBGD03－1101	WDZA－YJY23	3×50＋2×25	26	水轮机层下游侧母线槽插接箱＝YBGD03	A1213.1－A1212.1－A1211.1－B0100.1－埋管	主机洞副厂房▽－47.80检修箱＝YBLC03	
5	YBGD03－1201	WDZA－YJY23	3×50＋2×25	10	主机洞副厂房▽－47.80检修箱＝YBLC03	埋管－B0100.1－埋管	主机洞副厂房▽－53.30检修箱＝YBLC04	
6	YBGD03－1301	WDZA－YJY23	3×50＋2×25	10	主机洞副厂房▽－53.30检修箱＝YBLC04	埋管－B0100.1－埋管	主机洞副厂房▽－58.00检修箱＝YBLC05	
7	YBGD04－1101	WDZA－YJY23	3×50＋2×25	32	水轮机层下游侧母线槽插接箱＝YBGD04	A1213.1－A1212.1－A1211.1－B0100.1－埋管	主机洞副厂房▽－36.60检修箱＝YBLC06	

序号	电缆编号	电缆型号	芯数及载面 /mm²	长度 /m	自何处	经何处	至何处	备注
1	YBDB03－1001～1005	WDNA－YJY23	3×185＋1×95		柴油发电机柜＝YBRV01	柴油发电机房电缆沟	柴油发电机升压变＝YBMT01	5根并联，厂家供
2	YBMA02－1001～1005	WDNA－YJY23	3×185＋1×95	300	保安电源低压配电屏＝YBMA02	B0604.2－B0605.2－B0608.2－B0609.2－B0100.6－A1211.2－A1212.2	保安母线槽＝YBGE02	5根并联
3	YBMA03－1001	WDNA－YJY23	3×25＋1×16	105	保安电源低压配电屏＝YBMA03	B0604.2－B0605.2－B0608.2－B0609.2－B0100.7－A1211.2－A1210.2－A1201.2－A1202.3－A1001.1－A1002.1－A1003.1－经埋管	蜗壳夹层1#保安配电箱＝YBGC01	
4	YBGC01－1001	WDNA－YJY23	3×10＋1×6	12	蜗壳夹层1#保安配电箱＝YBGC01	经埋管－A1003.1	机组消防水泵控制柜 YSGY10 GH001	
5	YBGC01－1002	WDNA－YJY23	3×10＋1×6	5	机组消防水泵控制柜 YSGY10 GH001	蜗壳层桥架-经埋管	主厂房蜗壳夹层1#发电机消防泵	

表 12-6

抽水蓄能电站机组自用电动力电缆清单（0.6/1kV）

序号	电缆编号	电缆型号	芯数及载面/mm²	长度/m	自何处	经何处	至何处	备注
1	1BFB02 - 1001~1003	WDZA - YJY23	3×185+1×95	60	水轮机层保安母线槽	A1213.1 - A1209.1	1#机组自用配电屏=1BFB02	3 根并联
2	1BFA02 - 1001~1002	WDZA - YJY23	3×120+1×70	110	1#机组自用配电屏=1BFA02	A1209.1 - A1208.1 - A1202.3 - A1001.1 - A1002.1	1#机技术供水泵控制柜 1PAY10 GH001	2 根并联
3	1BFA02 - 1003~1004	WDZA - YJY23	3×120+1×70	44	1#机技术供水泵控制柜 1PAY10 GH001	A1002.1 - A1001.2 -经埋管	1#机技术供水泵一	2 根并联
4	1BFA02 - 1005	WDZA - YJY23	3×70+1×35	40	1#机组自用配电屏 =1BFA02	A1209.1 - A1208.1 - A1201.3 - A1204.1 - A1206.1	1#机调速器油压装置控制柜 1MFY20 GH003	
5	1BFA02 - 1006	WDZA - YJY23	3×70+1×35	18	1#机调速器油压装置控制柜 1MFY20 GH003	经埋管	1#机调速器油压装置油泵	
6	1BFA02 - 1007	WDZA - YJY23	3×95+1×50	28	1#机组自用配电屏 =1BFA02	A1213.1 - A1214.5 - A1104.1	1#机进水阀油泵控制柜 1MFY12 GH003	
7	1BFA02 - 1008	WDZA - YJY23	3×95+1×50	6	1#机进水阀油泵控制柜 1MFY12 GH003	经埋管	1#机进水阀油压装置油泵	
8	1BFA02 - 1009	WDZA - YJY23	3×10+1×6	48	1#机组自用配电屏 =1BFA02	A1209.1 - A1208.1 - A1202.3 - A1001.1 - A1002.1	主变空载冷却水泵控制柜 YPAY30 GH001	

注　本表为 1#机组自用系统低压电缆（0.6/1kV）。

表 12 - 7　　　　　　　　　　　　　　抽水蓄能电站主厂房公用动力电缆清单（0.6/1kV）

序号	电缆编号	电缆型号	芯数及截面 /mm²	长度 /m	自何处	经何处	至何处	备注
1	YBFA02 - 1001～1003	WDZA - YJY23	3×185＋1×95	348	主机洞副厂房▽－36.60主厂房公用配电屏＝YBFA02	B0303.2－B0305.2－B0307.2－B0308.2－B0309.2－B0100.7－A1211.1－A1212.1－A1213.1－A1215.1－A1216.1－A2210.1－A2212.1－A2207.1－A3210.1	3#机组自用配电屏＝3BFB01	3 根并联
2	YBFA03 - 1001～1003	WDZA - YJY23	3×185＋1×95	432	主机洞副厂房▽－36.60主厂房公用配电屏＝YBFA03	B0303.2－B0305.2－B0307.2－B0308.2－B0309.2－B0100.7－A1211.1－A1212.1－A1213.1－A1215.1－A1216.1－A2210.1－A2212.1－A2207.1－A3210.1－A3212.1－A3207.1－A4209.1	4#机组自用配电屏＝4BFB01	3 根并联
3	YBFA04 - 1001～1005	WDNA - YJY23	3×185＋1×95	325	主机洞副厂房▽－36.60主厂房公用配电屏＝YBFA04	B0303.2－B0305.2－B0307.2－B0308.2－B0309.2－B0100.2－B0609.2－B0608.2－B0605.2－B0604.2－B0602.2	保安配电屏 ＝YBMA04	5 根并联
4	YBFA05 - 1001～1002	WDZA - YJY23	3×150＋1×70	240	主机洞副厂房▽－36.60主厂房公用配电屏＝YBFA05	B0303.2－B0305.2－B0306.2－B0309.2－B0001.2－G0002.2－D0001.2－D0002.2－D0101.2－D0104.2－D0107.5－D0212.3－D0211.1－D0209.1	主变洞配电屏＝YBKA02	2 根并联
5	YBFA06 - 1001～1003	WDZA - YJY23	3×150＋1×70	450	主机洞副厂房▽－36.60主厂房公用配电屏＝YBFA06	B0303.2－B0305.2－B0307.2－B0308.2－B0309.2－G0100.7－A1211.1－A1210.1－A1201.1－A1202.1－A1203.1－A1204.1－A1205.1－A2201.1－A2202.1－A2203.1－A2204.1－A3201.3－A3101.1	检修排水泵控制柜 ＝YLSM10 GH001	3 根并联
6	YBFA06 - 1004～1005	WDZA - YJY23	3×240＋1×120	65	检修排水泵控制柜 ＝YLSM10 GH001	A3102.3－A3004.3－A3006.1－A3007.1－A3008.1	检修排水泵一	2 根并联

表 12-8   **抽水蓄能电站主变洞公用动力电缆清单（0.6/1kV）**

序号	电缆编号	电缆型号	芯数及载面/mm²	长度/m	自何处	经何处	至何处	备注
1	YBKA01-1001	WDZA-YJY23	3×50+1×25	70	主变洞副厂房▽-26.10 主变洞配电屏=YBKA01	D0209.1-D0211.1-D0212.3-D0107.1-D0108.1-C1104.1-C1105.1-C1107.1-经埋管	主变洞▽-36.60 1#配电柜=YBJA01	
2	YBJA01-1001	WDZA-YJY23	3×16+1×10	67	主变洞▽-36.60 1#配电柜=YBJA01	经埋管-C1107.1-C1105.1-C1104.1-D0108.5-经埋管	主变洞▽-36.60 SFC室空调器	
3	YBJA01-1002	WDZA-YJY23	3×16+1×10	60	主变洞▽-36.60 1#配电柜=YBJA01	经埋管-C1107.1-C1105.1-C1104.1-D0108.1-D0107.1-经埋管	主变洞▽-36.60 SFC功率柜=YMFM04 GH001	
4	YBJA01-1003	WDZA-YJY23	3×4+1×2.5	70	主变洞▽-36.60 1#配电柜=YBJA01	经埋管-C1107.3-C1105.1-C1106.2-C1004.1-主变洞▽-42.30 电缆沟-C1002.1-1#厂变室电缆沟	主变洞▽-36.60 1#厂变断路器柜=YBBF01	
5	YBJA01-1004	WDZA-YJY23	3×4+1×2.5	70	主变洞▽-36.60 1#配电柜=YBJA01	经埋管-C1107.3-C1105.1-C1106.2-C1004.1-主变洞▽-42.30 电缆沟-C1002.1-1#厂变室电缆沟	主变洞▽-36.60 1#输入断路器柜=YMFM02 GH001	
6	YBJA01-1005	WDZA-YJY23	3×4+1×2.5	70	主变洞▽-36.60 1#配电柜=YBJA01	经埋管-C1107.1-C1105.1-C1106.2-C1004.1-主变洞▽-42.30 电缆沟-C1002.1-1#厂变室电缆沟	主变洞▽-36.60 输出断路器柜=YMFM05 GH001	
7	YBJA01-1106	WDZA-YJY23	2×2.5	70	主变洞▽-36.60 1#配电柜=YBJA01	经埋管-C1107.1-C1105.1-C1106.2-C1004.1-主变洞▽-42.30 电缆沟-C1002.1-1#厂变室电缆沟	主变洞▽-36.60 1#厂变断路器=YBBF01	

第2篇　具体工艺设计方案

表 12 - 9 抽水蓄能电站照明系统动力电缆清单 (0.6/1kV)

序号	电缆编号	电缆型号	芯数及载面 /mm²	长度 /m	自何处	经何处	至何处	备注
1	YBHA03 - 1001～1003	WDZA - YJY23	3×150+2×70	24	工作照明配电屏=YBHA03	B0607.1	照明变=YBHT01	3根并联
2	YBHB01 - 1001～1003	WDZA - YJY23	3×150+2×70	24	工作照明配电屏=YBHB01	B0605.1 - B0608.1	照明变=YBHT02	3根并联
3	YBHC01 - 1001	WDNA - YJY23	5×10	78	发电机层（1）事故照明箱=YBLB01	经埋管- A1314.3 - A1313.3 - A1308.1 - B0309.1 - B0407.1 - B0609.1 - B0608.1 - B0607.1	事故照明配电屏=YBHC01	
4	YBHC01 - 1002	WDNA - YJY23	5×10	90	中间层（1）事故照明箱=YBLB02	经埋管- A1312.3 - A1314.3 - A1313.1 - B1308.1 - B0309.1 - B0407.1 - B0609.1 - B0608.1 - B0607.1	事故照明配电屏=YBHC01	
5	YBHC01 - 1003	WDNA - YJY23	5×10	90	水轮机层（1）事故照明箱=YBLB03	经埋管- A2211.1 - A1215.3 - A1214.1 - A1211.1 - B0309.1 - B0407.1 - B0609.1 - B0608.1 - B0607.1	事故照明配电屏=YBHC01	

表 12-10   抽水蓄能电站开关站动力电缆清单（0.6/1kV）

序号	电缆编号	电缆型号	芯数及载面 /mm²	长度 /m	自何处	经何处	至何处	备注
1	YBFE04-1001～1005	WDZA-YJY23	3×185+1×95	125	继保楼变压器=YBFT05	继保楼电缆层桥架	开关站主盘=YBFE04	5根并联
2	YBFE01-1001	WDNA-YJY23	3×25+1×16	120	开关站主盘=YBFE01	L0022.1-L0020.1-L0019.1-L0017.1-L0018.1-K0001.1-K0003.1-K0008.1-K0007.1-开关站电缆沟-经埋管	500kV出线洞口风机房配电箱=YBGB01	
3	YBFE01-1002	WDZA-YJY23	3×25+1×16	85	开关站主盘=YBFE01	L0022.1-L0020.1-L0019.1-L0017.1-L0018.1-K0001.1-K0003.1-K0004.1-K0005.1-K0006.1	GIS室风机配电柜=YBGB02	
4	YBFE01-1003	WDZA-YJY23	3×25+1×16	25	开关站主盘=YBFE01	L0022.1-L0020.1-L0019.1-L0017.1-L0018.1-K0001.1-K0003.1-K0004.1-K0005.1-K0006.1	GIS室配电柜=YBGB03	
5	YBFE01-1004	WDZA-YJY23	3×95+1×50	35	开关站主盘=YBFE01	L0020.1-L0017.1-L0016.1-继保楼电缆层桥架	继保室1#配电柜=YBGB04	
6	YBFE01-1005	WDNA-YJY23	3×150+1×70	85	开关站主盘=YBFE01	L0022.1-L0024.1-L0026.4通风兼安全洞电缆沟	通风兼安全洞风机房配电柜=YBGB05	
7	YBFE01-1006	WDNA-YJY23	3×95+1×50	45	开关站主盘=YBFE01	L0020.1-L0019.1-L0017.1-L0018.1-开关站水泵房电缆沟	水泵房消防配电柜=YBGB09	
8	YBFE02-1002	WDZA-YJY23	3×16+1×10	27	开关站主盘=YBFE02	L0020.1-L0021.2经埋管	电工试验室一插座箱	
9	YBFE02-1003	WDZA-YJY23	3×16+1×10	30	开关站主盘=YBFE02	L0020.1-L0021.2-经埋管	电工试验室二插座箱	

　　第2篇　具体工艺设计方案

抽水蓄能电站上库动力电缆清单 (0.6/1kV)

序号	电缆编号	电缆型号	芯数及载面 /mm²	长度 /m	自何处	经何处	至何处	备注
1	22DC－1	WDZA－YJY23	5×6	20	22DC（上水库配电房 0.4kV 交流配电柜)	电缆沟	各配电柜及控制柜	柜内照明及加热器用电
2	22DC－2	WDZA－YJY23	5×6	20	22DC（上水库配电房 0.4kV 交流配电柜)	电缆沟	工业电视转换站	工业电视转换站用电
3	22DC－3	WDZA－YJY23	5×10	8	22DC（上水库配电房 0.4kV 交流配电柜)	电缆沟，穿管	上水库配电房风机空调配电箱	上水库配电房风机空调电源
4	22DC－4	WDZA－YJY23	5×6	20	22DC（上水库配电房 0.4kV 交流配电柜)	电缆沟	高频通信柜	通信高频电源（一)
5	22DC－6	WDZA－YJY23	4×50	30	22DC（上水库配电房 0.4kV 交流配电柜)	电缆沟，穿管	上水库路灯照明配电管	上库环库公路照明电源
6	22DC－7	WDZA－YJY23	5×6	20	22DC（上水库配电房 0.4kV 交流配电柜)	电缆沟	各配电柜及控制柜	上水库配电柜交流控制电源
7	22DC－8	WDZA－YJY23	5×16	25	22DC（上水库配电房 0.4kV 交流配电柜)	电缆沟	上水库直流电源充电屏	上水库 220V 直流电源（一)

表 12 - 12　　　　　　　　　　　　抽水蓄能电站下库动力电缆清单（0.6/1kV）

序号	电缆编号	电缆型号	芯数及载面 /mm²	长度 /m	自何处	经何处	至何处	备注
1	11DC - 1	WDZA - YJY23	3×150+1×70	400	500kV 开关站低压配电盘	电缆沟	11DC - 1（下水库配电房 低压进线柜）	下水库配电房电源
2	12DC - 1	WDZA - YJY23	5×6	20	12DC（下水库配电房 0.4kV 交流配电柜）	电缆沟	各配电柜及控制柜	柜内照明及加热器用电
3	12DC - 2	WDZA - YJY23	5×6	20	12DC（下水库配电房 0.4kV 交流配电柜）	电缆沟	各配电柜及控制柜	下水库配电柜交流控制电源
4	12DC - 3	WDZA - YJY23	5×6	20	12DC（下水库配电房 0.4kV 交流配电柜）	电缆沟	下库配电房 LCU	下库配电房 LCU 电源
5	12DC - 5	WDZA - YJY23	5×10	8	12DC（下水库配电房 0.4kV 交流配电柜）	电缆沟，穿管	下水库配电房风机空调配电箱	下水库配电房风机空调电源
6	12DC - 6	WDZA - YJY23	5×10	8	12DC（下水库配电房 0.4kV 交流配电柜）	电缆沟，穿管	下水库配电房照明配电箱	下水库配电房照明电源
7	12DC - 7	WDZA - YJY23	4×50	30	12DC（下水库配电房 0.4kV 交流配电柜）	电缆沟，穿管	1# 下水库路灯照明配电箱	下库环库公路照明电源
8	12DC - 8	WDZA - YJY23	3×25+1×16	110	12DC（下水库配电房 0.4kV 交流配电柜）	电缆沟，电缆桥架	下水库消防水泵动力箱	下库消防水库电源（一）
9	12DC - 9	WDZA - YJY23	3×95+1×50	130	12DC（下水库配电房 0.4kV 交流配电柜）	电缆沟，电缆桥架	下进出水口 1# 检修闸门动力箱	下进出水口 1# 检修闸门电源
10	12DC - 10	WDZA - YJY23	3×95+1×50	130	12DC（下水库配电房 0.4kV 交流配电柜）	电缆沟，电缆桥架	下进出水口 2# 检修闸门动力箱	下进出水口 2# 检修闸门电源
11	14DC - 9	WDZA - YJY23	3×95+1×50	150	14DC（下水库配电房 0.4kV 交流配电柜）	电缆沟，电缆桥架	下进出水口 3# 检修闸门动力箱	下进出水口 3# 检修闸门电源
12	14DC - 10	WDZA - YJY23	3×95+1×50	170	14DC（下水库配电房 0.4kV 交流配电柜）	电缆沟，电缆桥架	下进出水口 4# 检修闸门动力箱	下进出水口 4# 检修闸门电源

表 12-13 抽水蓄能电站中控楼动力电缆清单（0.6/1kV）

序号	电缆编号	电缆型号	芯数及截面 /mm²	长度 /m	自何处	经何处	至何处	备注
1	YBFG05-1001	WDZA-YJY23	3×150+2×70	28	中控楼变配电间=YBFG03	中控楼一层变配电间电缆沟-中控楼电缆井-M0209-M0210	中控楼主盘=YBKE02	
2	YBFH01-1001	WDZA-YJY23	3×150+2×70	28	中控楼变配电间=YBFH03	中控楼一层变配电间电缆沟-中控楼电缆井-M0209-M0210	中控楼主盘=YBKF02	
3	YBKE01-1101	WDZA-YJY23	3×4	60	中控楼主盘=YBKE01	M0209.1-M0210.1-M0215.1-M0212.1-M0206.1-M0205.1	工业电视监视器柜	
4	YBKE01-1201	WDZA-YJY23	3×4	60	中控楼主盘=YBKE01	M0209.1-M0210.1-M0215.1-M0212.1-M0206.1-M0205.1	工业电视设备柜	
5	YBKE01-1301	WDZA-YJY23	3×4	36	中控楼主盘=YBKE01	M0209.1-M0210.1-M0215.1-M0212.1-M0206.1-M0205.1-M0204.1	中控楼 VC 箱	
6	YBKE01-1002	WDZA-YJY23	4×10+1×6	33	中控楼主盘=YBKE01	M0209.1-M0210.1-M0215.1-M0216.1-经通信设备室架空层	通信高频电源一输入1（四层通信设备室）	
7	YBKE01-1006	WDZA-YJY23	4×10+1×6	33	中控楼主盘=YBKE01	M0209.1-M0210.1-M0215.1-M0216.1-经通信设备室架空层	通信高频电源二输入2（四层通信设备室）	
8	YBKE01-1003	WDNA-YJY23	4×16+1×10	10	中控楼主盘=YBKE01	M0210.1	火灾报警电源自动切换箱=YBJC01	

第13章 小口径管路工艺设计

设计图目录见表13-1。

表 13-1   设 计 图 目 录

序号	图　　名	图　号
1	小口径管路工艺设计总说明	图13-1～图13-2
2	蜗壳层迷宫环、主轴密封及水导外循环管路布置工艺设计图	图13-3
3	主厂房蜗壳层及蜗壳层以上技术供排水设备及管路布置工艺设计图	图13-4～图13-6
4	水轮机层调相气罐设备及管路布置工艺设计图	图13-7
5	空压机室设备及管路布置工艺设计图	图13-8～图13-10
6	厂内透平油罐室设备和管路布置工艺设计图	图13-11～图13-12

1. 相关标准

抽水蓄能电站工程工艺设计导则

(1) 抽水蓄能电站工程建设补充强制性条文（试行）。

(2)《水轮发电机组安装技术规范》（GB/T 8564—2003）。

(3)《工业金属管道工程施工及验收规范》（GB 50235—2010）。

(4)《现场设备、工业管道焊接工程施工规范》（GB 50236—2011）。

(5)《水电水利基本建设工程单元工程质量等级评定标准》（DL/T 5113.4—2012）。

第4部分 水力机械辅助设备安装工程

2. 总体原则要求

小口径管路设计应用于全厂范围内直径不大于 DN50 的油、水、气承压管路。

(1) 管路材质。

管道材质采用符合标准 GB/T 20878—2007 的不锈钢。

(2) 管路加工。

1) 管路原则上采用工厂化成批量加工。

2) 现场弯管加工时，应采用冷弯方法，禁止采用热弯。弯曲半径一般不小于管径的 4 倍，弯曲后应无裂纹、分层等缺陷；仪表管路弯曲后应无裂纹、凹坑，弯曲断面的椭圆度不大于 10%。

3) 不锈钢管路的切割应采用不锈钢专用砂轮片或等离子切割，不允许采用割枪。

4) 钢管切割和坡口应符合施工图纸的要求。管口应平整、光滑、无裂纹、毛刺等缺陷。

5) 输送介质的管道弯制后的截面最大、最小外径差，不应超过管道外径的 8%。

(3) 管路焊接。

1) 管道外径 $D \leqslant 50mm$ 的对口焊接采用全氩弧焊。此外，还应遵守 GB/T 8564—2003 第 12.2 节及 GB 50268—2008 的有关定。

2) 不同直径管子的对口焊接，其内径差不宜超过 2mm。否则应采用变径管过渡。

3) 管路焊接应采用氩弧焊焊接，焊口饱满、平滑过渡，焊接后不允许有夹渣、气孔、咬边现象，焊缝及周边管路应打磨出金属光泽。

4) 管道采用焊接连接，管道组接时应清除焊面及坡口两侧 30mm 范围内的油污、铁锈、毛刺等，清除合格后应及时焊接，焊接后清除管道内外壁焊疤，焊缝表面应无裂纹、夹渣、气孔、凹陷及过烧等缺陷。

5) 管道任何位置不应有十字形焊缝及在焊缝处开孔。

6) 穿墙及过楼板的管路，应加套管，管路焊缝不宜置于套管内。

(4) 管路清洗。

1) 管道的清洗按照《水轮发电机组安装技术规范》（GB/T 8564—2003）附录 D 的要求进行；水系统管路采用水进行清洗，气系统管路采用压缩空气或清水进行清洗，油系统管路采用油进行清洗。

2) 油、气管路清洗应采用清洗泵进行清洗。

(5) 管路安装。

1) 设备安装按"先大管后小管""先高压后中、低压""先主管后支管""先里侧后外侧"的顺序安装。

2) 管路安装应符合设计要求，结构规范、美观。水平管路平直度，不超过管子有效长度的 1.5‰，且最大不超过 20mm；立管垂直度不超过管子有效长度 2‰，且最大不超过 15mm。

3) 等径排管其间距不小于管子外径，安装规范、管口一致，弯曲弧度一致，工艺美观，减少交叉和拐弯，不允许有急弯和复杂的弯，横平竖直，不允许有斜交叉。

4) 平行铺设的管路应紧凑和满足检修要求，成排管应在同一平面上；自流排水管和排油管的坡度应与液流方向一致。

5) 公称直径大于 DN20 的油气管及配套的管道附件应采用法兰连接，公称直径不大于 DN20 的油、气管及配套的管道附件应采用焊接式卡套接头连接。

6) 法兰连接应与管路同心，并应保证螺栓自由穿入。法兰间应保持平行。

7) 法兰连接应使用同一规格螺栓，螺栓安装方向应一致，受力均匀，紧固后应与法兰紧贴，不得有楔缝。需要加垫圈时，每个螺母不应超过一个，紧固后的螺栓宜露出 2～3 牙螺纹。

图 13-1 小口径管路工艺设计总说明 1

8）制造法兰垫片时，应根据管道输送介质和压力选用垫片材料，垫片应切成整圆，避免接口。当大口径垫片需要拼接时，应采用斜口搭接或迷宫嵌接，不得平口对接。

9）不锈钢管路、阀门及附件吊运时，不能与其他金属直接接触，应加垫木板或橡胶板等非金属材料。

10）不锈钢、合金钢螺栓和螺母紧固时，螺栓、螺母应涂二硫化钼油脂、石墨机油或石墨粉。

11）仪表管路严密性试验宜随同主设备一起进行。

12）在仪表管路两端的阀门处应挂有统一的标识牌，标明编号和名称。

3. 无损检测要求

（1）对于额定工作压力大于 6.3MPa 的管道对接焊缝，除应进行介质为水的强度耐压试验外，还应进行射线或 TOFD 探伤抽样检验，抽检比例不低于 5%，质量不低于于Ⅲ级。

（2）当现场条件不允许进行强度耐压试验时，经业主，设计，监理同意后可采用如下方法代替。

1）所有环向、纵向对接焊缝和螺旋焊焊缝应进行 100%射线检测、TOFD 检测或100%超声检测；

2）其余焊缝用磁粉法进行检验。

4. 小管路工艺设计图中的管路布置图仅供参考，具体以电站实际布置为准。图中涉及电站土建、具体设备及管路尺寸、参数的部分，根据电站具体情况确定。

紧固螺栓力矩对应表　　　　　　　　　单位：N•m

等级 规格	碳钢				不锈钢
	4.8	8.8	10.9	12.9	A2/A4
M3		1.1	1.5	1.8	0.82
M4		2.5	3.5	4.3	1.86
M5		4.9	6.9	8.3	3.69
M6	2.5	8.5	12	14.5	6
M8	6	20	29	34	14
M10	11	41	57	69	29
M12	20	70	99	119	44
M16	50	170	240	285	106
M20	100	330	465	560	181
M22		445	625	755	
M24	170	570	800	965	
M27		840	1180	1420	
M30	340	1140	1610	1930	
M33		1540	2190	2600	
M36	600	1990	2790	3350	
M39	770	2570	3610	4330	

说明：上述力矩供参考，具体根据现场法兰、螺栓、垫片规格通过计算或根据国家相关规范、供货商要求等确定。

图 13-2　小口径管路工艺设计总说明 2

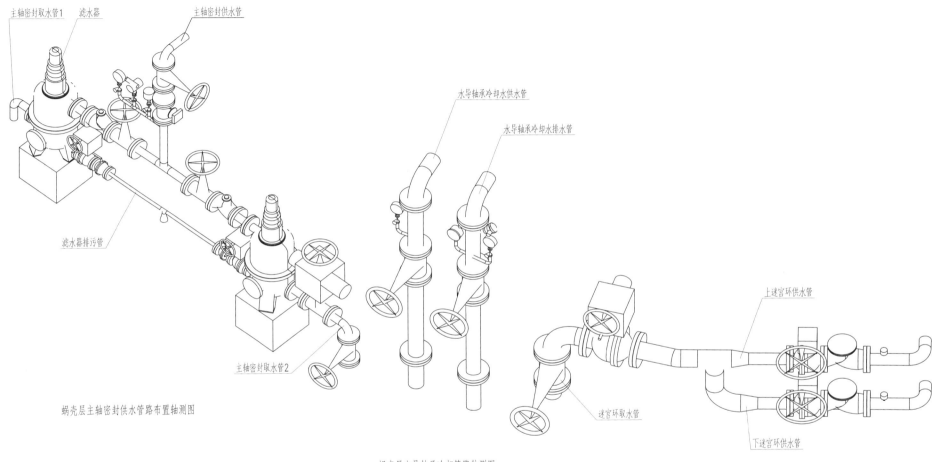

主轴密封取水管1　滤水器　　　主轴密封供水管

水导轴承冷却水供水管

水导轴承冷却水排水管

滤水器排污管

主轴密封取水管2

上迷宫环供水管

迷宫环取水管

下迷宫环供水管

蜗壳层主轴密封供水管路布置轴测图

蜗壳层水导轴承冷却管路轴测图

蜗壳层迷宫环路布置轴测图

图 13-3　蜗壳层迷宫环、主轴密封及水导外循环管路布置工艺设计图

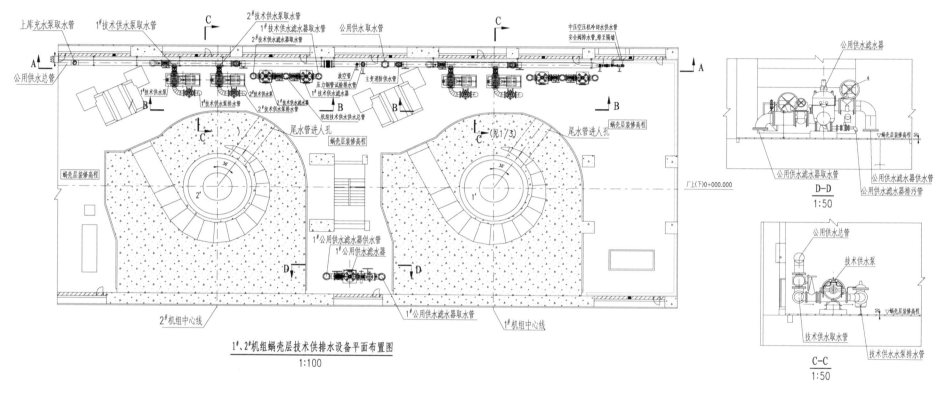

图 13-4 主厂房蜗壳层及蜗壳层以上技术供排水设备及管路布置工艺设计图 1

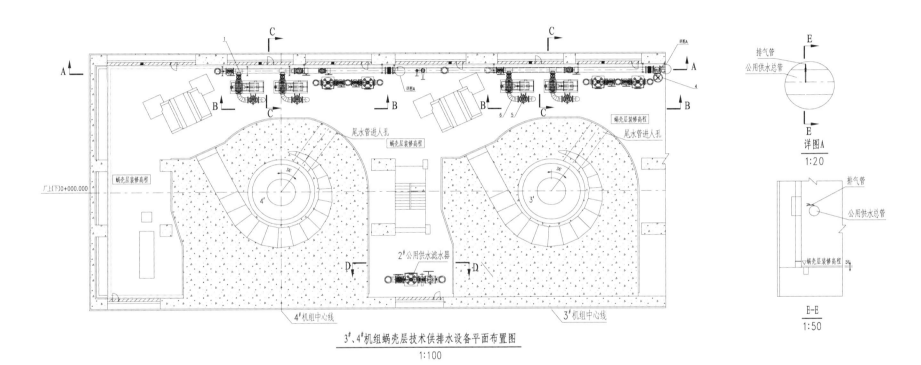

排气管
公用供水总管

详图A
1:20

E-E
1:50

排气管
公用供水总管
蜗壳层装修高程

3#、4#机组蜗壳层技术供排水设备平面布置图
1:100

图 13-4　主厂房蜗壳层及蜗壳层以上技术供排水设备及管路布置工艺设计图 2

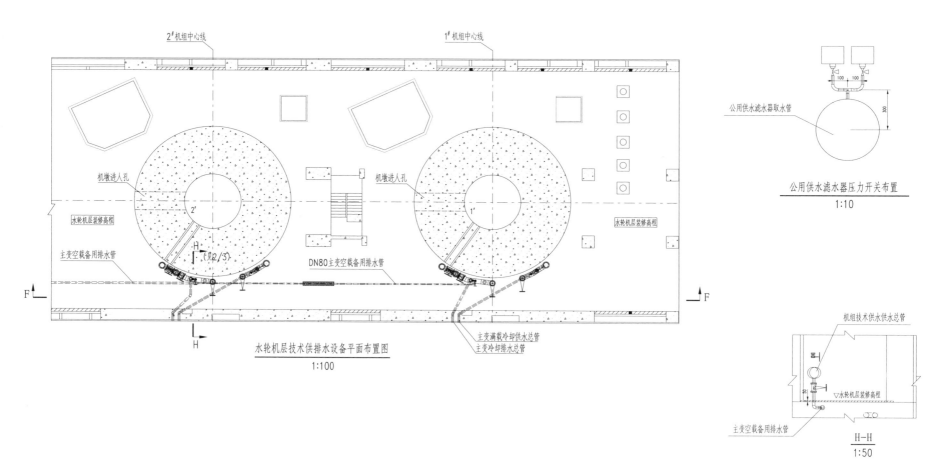

图 13-5 主厂房蜗壳层及蜗壳层以上技术供排水设备及管路布置工艺设计图 3

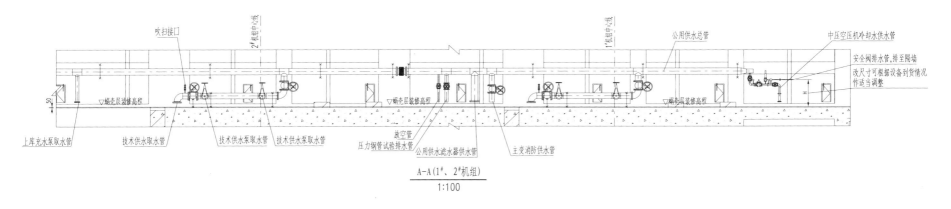

吹扫接口　　　　　　　　　　　2#机组中心线　　　　　　　　　　　　　　1#机组中心线　　　公用供水总管　　　中压空压机冷却水供水管

安全阀排水管,排至隔墙
改尺寸可根据设备到货情况作适当调整

50

▽蜗壳层装修高程　　　　　　　　　　　　　　　　　　　　　▽蜗壳层装修高程　　　　　　　　　　　　　　　　　　▽蜗制层装修高程

上库充水泵取水管　　技术供水取水管　　技术供水泵取水管　　技术供水泵取水管　　　放空管　　　公用供水滤水器供水管　　主变消防供水管
　　　　　　　　　　　　　　　　　　　　　　　　　　　压力钢管试验排水管

A—A(1#、2#机组)
1:100

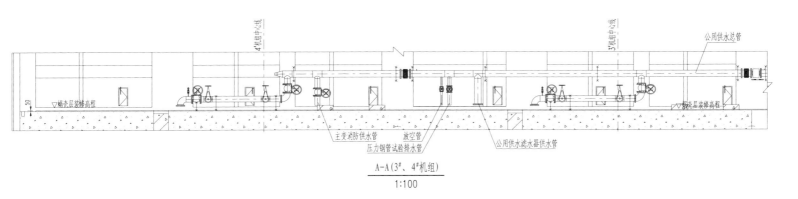

4#机组中心线　　　　　　　　　　　　　3#机组中心线　　　公用供水总管

50

▽蜗壳层装修高程　　　▽蜗壳层装修高程

主变消防供水管　　　放空管　　　　　　公用供水滤水器供水管
　　　　　压力钢管试验排水管

A—A(3#、4#机组)
1:100

图 13-5　主厂房蜗壳层及蜗壳层以上技术供排水设备及管路布置工艺设计图 4

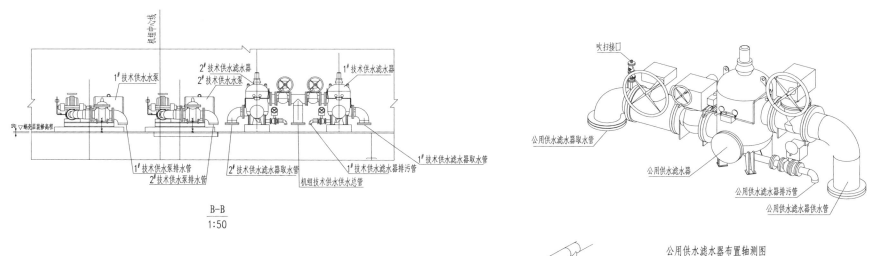

公用供水滤水器布置轴测图

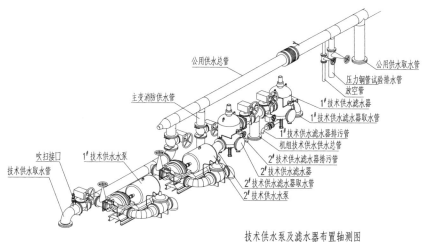

技术供水泵及滤水器布置轴测图

图 13-6　主厂房蜗壳层及蜗壳层以上技术供排水设备及管路布置工艺设计图 5

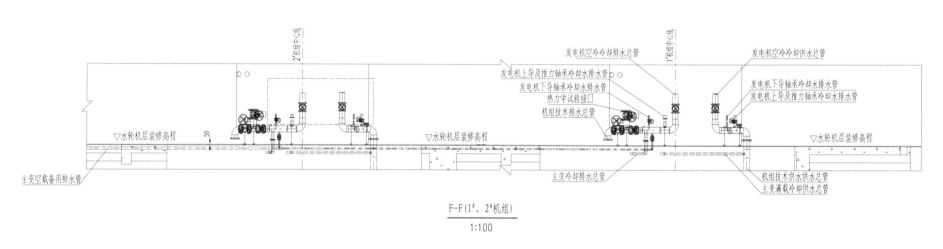

$$F-F(1^\#、2^\#机组)$$
$$1:100$$

图 13-6　主厂房蜗壳层及蜗壳层以上技术供排水设备及管路布置工艺设计图 6

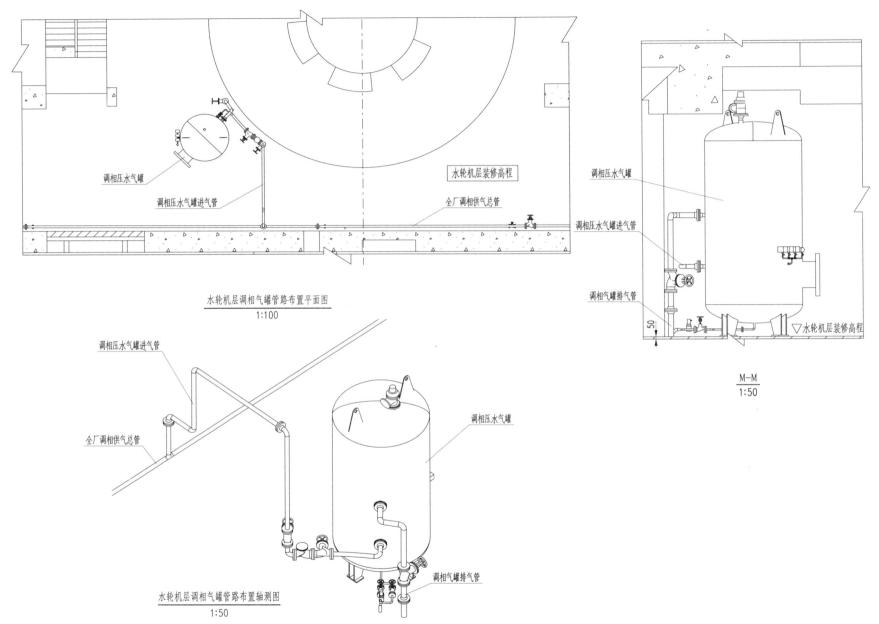

水轮机层调相气罐管路布置平面图
1:100

水轮机层调相气罐管路布置轴测图
1:50

M—M
1:50

调相压水气罐

调相压水气罐进气管

全厂调相供气总管

水轮机层装修高程

调相压水气罐进气管

调相气罐排气管

调相压水气罐

全厂调相供气总管

调相气罐排气管

图 13－7　水轮机层调相气罐设备及管路布置工艺设计图

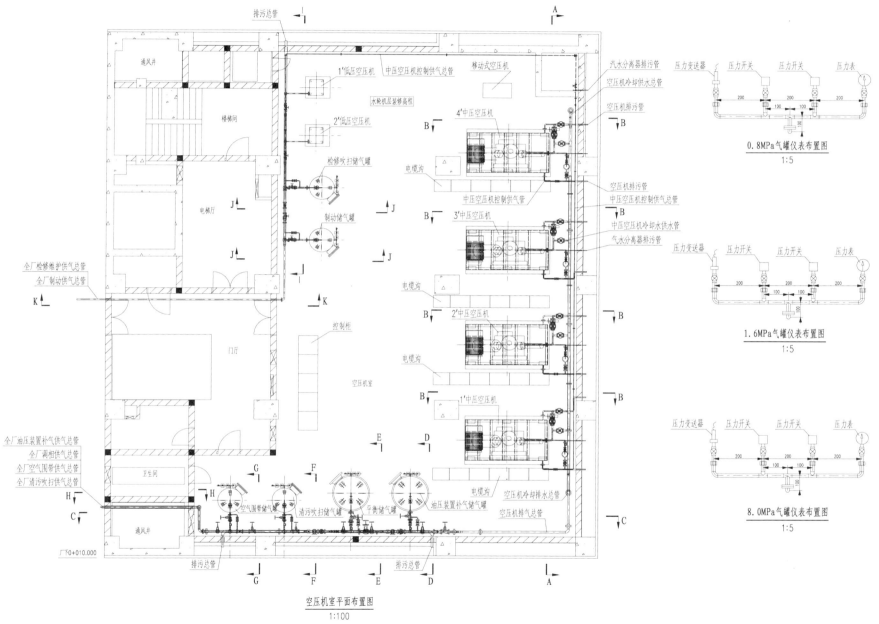

排污总管　　　　　　　　　　　　　　　　　　　　　　　　　　　A
通风井
1'低压空压机　中压空压机控制供气总管　　移动式空压机　　汽水分离器排污管　　压力变送器　压力开关　压力开关　压力表
楼梯间
水轮机层装修高程
2'低压空压机　　　　　4'中压空压机　　空压机冷却供水总管
B　　　　　　　　　　　　　　　　　　空压机排污管　　B
电梯厅　　　　电缆沟
检修吹扫储气罐　　　　　　　　　　　空压机排污管
中压空压机控制供气管　　　中压空压机控制供气总管
制动储气罐　　　　3'中压空压机　　中压空压机冷却水供水管
全厂检修维护供气总管　　　　　　　　　气水分离器排污管
全厂制动供气总管
2'中压空压机
电缆沟
门厅　　　控制柜
空压机室
1'中压空压机
全厂油压装置补气供气总管　　　　　　空压机冷却排水总管
全厂调相供气总管　　　　　　　　　　空压机排气总管
全厂空气围带供气总管　卫生间
全厂清污吹扫供气总管
空气围带储气罐　清污吹扫储气罐　平衡储气罐　油压装置补气储气罐
通风井
厂下0+010.000
排污总管　　　　排污总管

空压机室平面布置图
1:100

图 13-8　空压机室设备及管路布置工艺设计图 1

0.8MPa气罐仪表布置图
1:5
200　200　200
100　100

1.6MPa气罐仪表布置图
1:5
200　200　200
100　100

8.0MPa气罐仪表布置图
1:5
200　200　200
100　100

第 13 章　小口径管路工艺设计

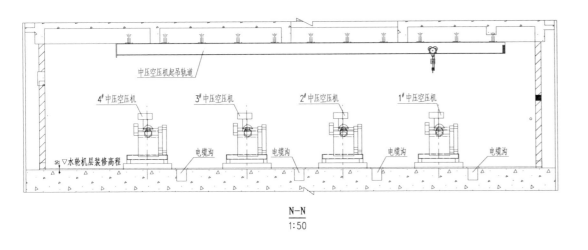

中压空压机起吊轨道

4# 中压空压机   3# 中压空压机   2# 中压空压机   1# 中压空压机

电缆沟   电缆沟   电缆沟   电缆沟   电缆沟

▽水轮机层装修高程

N-N
1:50

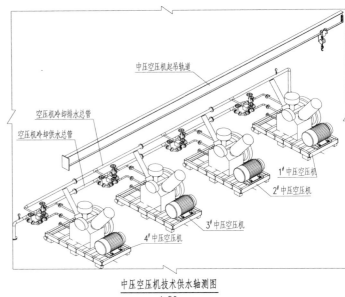

中压空压机起吊轨道

空压机冷却排水总管

空压机冷却供水总管

1# 中压空压机

2# 中压空压机

3# 中压空压机

4# 中压空压机

中压空压机技术供水轴测图
1:50

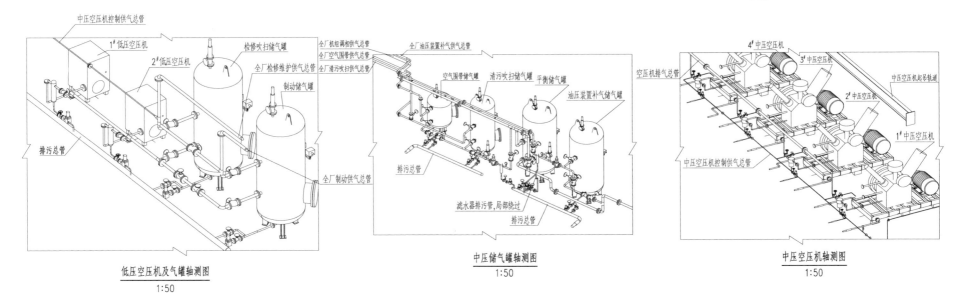

中压空压机控制供气总管

1# 低压空压机

2# 低压空压机

检修吹扫储气罐

全厂机组调相供气总管

全厂空气围带供气总管

全厂检修维护供气总管

全厂清污吹扫供气总管

制动储气罐

排污总管

全厂制动供气总管

低压空压机及气罐轴测图
1:50

全厂油压装置补气供气总管

空气围带储气罐

清污吹扫储气罐

平衡储气罐

油压装置补气储气罐

排污总管

滤水器排污管,局部绕过

排污总管

中压储气罐轴测图
1:50

4# 中压空压机

3# 中压空压机

空压机排气总管

中压空压机起吊轨道

2# 中压空压机

1# 中压空压机

中压空压机控制供气总管

中压空压机轴测图
1:50

图 13-10   空压机室设备及管路布置工艺设计图 3

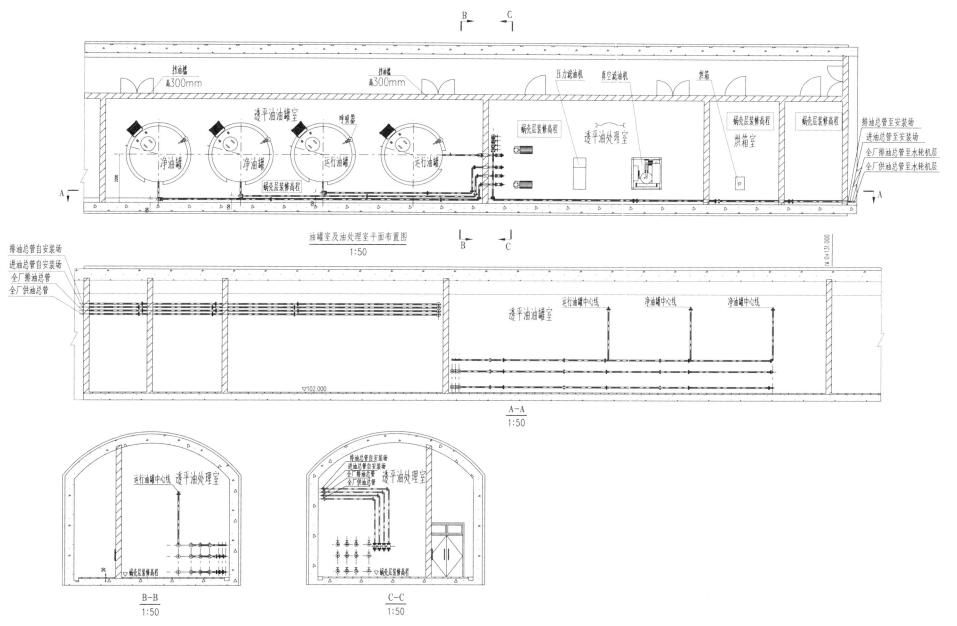

图 13-11　厂内透平油罐室设备和管路布置工艺设计图 1

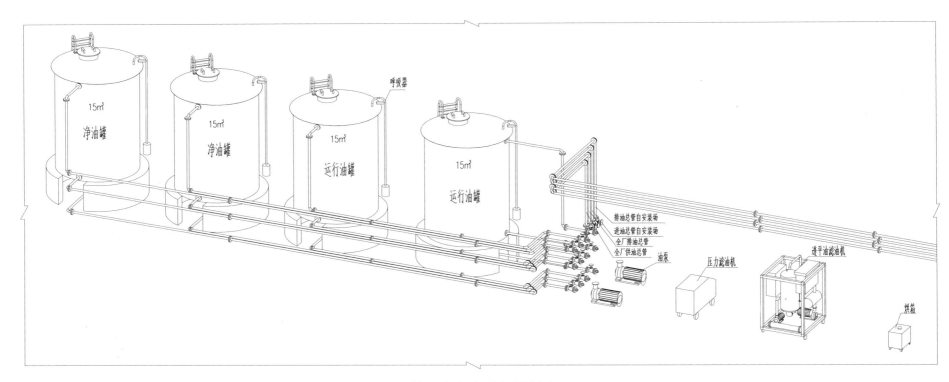

油罐室及油处理室设备及管路三维立体布置图

图 13-12　厂内透平油罐室设备和管路布置工艺设计图 2

第14章 支吊架工艺设计

设计图目录见表14－1。

表 14－1   设 计 图 目 录

序号	图　　名	图　　号
1	支吊架工艺设计总说明	图 14－1
2	成品支吊架（单根管靠墙管架）图	图 14－2
3	成品支吊架（多根管靠墙管架）图	图 14－3～图 14－4
4	成品支吊架（垂直管架）图	图 14－5～图 14－6
5	成品支吊架（单根管地面支架）图	图 14－7
6	成品支吊架（单根管吊架）图	图 14－8～图 14－9
7	成品支吊架（多根管吊架）图	图 14－10
8	型钢管架（靠墙管架）图	图 14－11
9	风管支吊架图	图 14－12～图 14－13

1. 相关标准

（1）抽水蓄能电站工程工艺设计导则。

（2）抽水蓄能电站工程建设补充强制性条文（试行）。

（3）《水轮发电机组安装技术规范》（GB/T 8564—2003）。

（4）《工业金属管道工程施工及验收规范》（GB 50235—2010）。

（5）《现场设备、工业管道焊接工程施工规范》（GB 50236—2011）。

（6）《水电水利基本建设工程单元工程质量等级评定标准》（DL/T 5113.4—2012）。

第4部分　水力机械辅助设备安装工程

2. 总体原则要求

（1）应用范围包括全厂范围内的油、水、气管路及通风空调管路。

（2）本图仅表示各系统应用的管架类型，不涉及具体的尺寸，具体的尺寸（如 L、H 等）根据安装图纸及现场的管路布置情况确定。管路支吊架原则上采用成品支吊架。

（3）管路支架布置合理，面漆完好，标示清晰；管线布局合理，排列有序，层次分明，横平竖直。

（4）管架间距表水平管道管架间距为单根管路的间距，仅供参考。具体工程的管架间距，应根据安装图纸确定。

（5）对水泵、滤水器、空压机等设备接口的管路应单独作支撑，严禁使用设备作为管路的支撑点。

（6）支吊架的位置不应妨碍设备和管道的运行操作及维修。支吊架的位置应做到检修时不致因拆除设备后，使其余管道处于无支承状态。

（7）在管路伸缩节补偿范围内的两侧管路应设置固定支架，防止伸缩节被水压拉伸超出变形允许范围。

（8）仪表管路支架在制造安装时，其宽度与仪表管路排列的宽度相匹配。

（9）仪表管路应采用定制的专用加固件（如：塑料管卡）进行加固。

（10）砖墙和混凝土墙需使用配套的膨胀螺栓，以安装图纸为准。

（11）垂直风管的管架参照"风管斜撑"制作，管架支撑在风管法兰上。

管架间距表

序号	管径/DN	支架最大间距 L_{max}/m	序号	管径/DN	支架最大间距 L_{max}/m
1	10	1.0	11	125	4.5
2	15	1.5	12	150	5.0
3	20	2.0	13	200	6.0
4	25	2.0	14	250	7.0
5	32	2.5	15	300	7.5
6	40	2.5	16	350	7.5
7	50	2.5	17	400	8.0
8	65	3.0	18	450	8.0
9	80	3.5	19	500	8.0
10	100	4.0			

图 14-1　支吊架工艺设计总说明

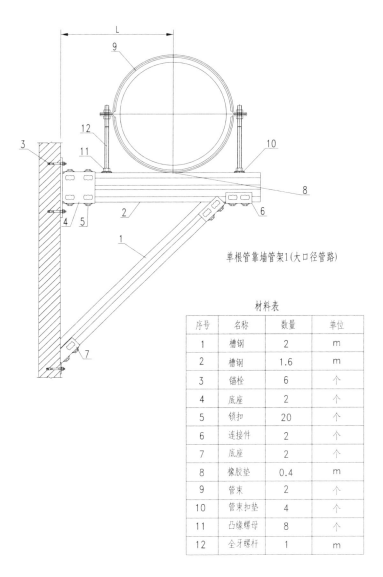

单根管靠墙管架1(大口径管路)

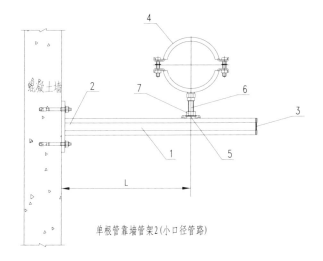

单根管靠墙管架2(小口径管路)

材料表

序号	名称	数量	单位
1	槽钢	2	m
2	槽钢	1.6	m
3	锚栓	6	个
4	底座	2	个
5	锁扣	20	个
6	连接件	2	个
7	底座	2	个
8	橡胶垫	0.4	m
9	管束	2	个
10	管束扣垫	4	个
11	凸缘螺母	8	个
12	全牙螺杆	1	m

材料表

序号	名称	数量	单位
1	托臂	1	个
2	锚栓	2	个
3	槽钢端盖	1	个
4	管束	1	个
5	管束扣垫	1	个
6	全牙螺杆	0.05	m
7	凸缘螺母	1	个

图 14-2　成品支吊架（单根管靠墙管架）图

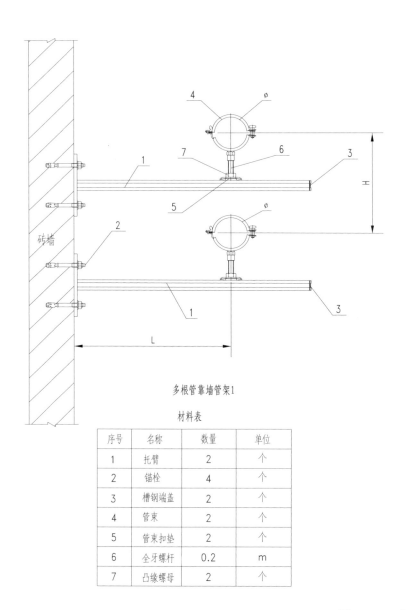

多根管靠墙管架1

材料表

序号	名称	数量	单位
1	托臂	2	个
2	锚栓	4	个
3	槽钢端盖	2	个
4	管束	2	个
5	管束扣垫	2	个
6	全牙螺杆	0.2	m
7	凸缘螺母	2	个

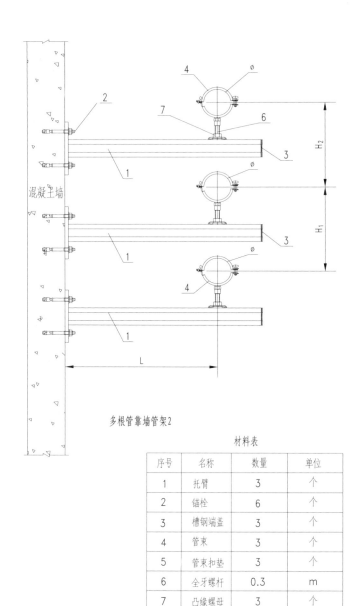

多根管靠墙管架2

材料表

序号	名称	数量	单位
1	托臂	3	个
2	锚栓	6	个
3	槽钢端盖	3	个
4	管束	3	个
5	管束扣垫	3	个
6	全牙螺杆	0.3	m
7	凸缘螺母	3	个

图 14-3 成品支吊架（多根管靠墙管架）图 1

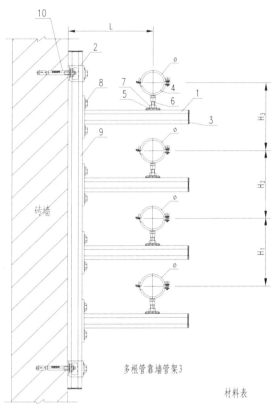

多根管靠墙管架3

多根管靠墙管架4

材料表

序号	名称	数量	单位
1	托臂	4	个
2	夹子	2	个
3	槽钢端盖	4	个
4	管束	4	个
5	管束扣垫	4	个
6	全牙螺杆	0.4	m
7	凸缘螺母	4	个
8	蝶形螺母	10	个
9	槽钢	1.1	m
10	螺栓	4	m

材料表

序号	名称	数量	单位
1	托臂	3	个
2	锚栓	6	个
3	槽钢端盖	3	个
4	管束	1	个
5	管束	2	个
6	管束扣垫	3	个
7	全牙螺杆	0.3	m
8	凸缘螺母	3	个

图 14-4　成品支吊架（多根管靠墙管架）图 2

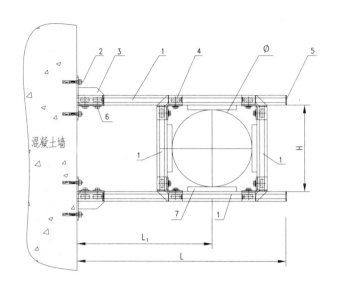
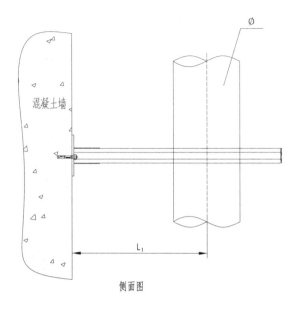

侧面图

垂直管架1(大口径管路)

材料表

序号	名称	数量	单位
1	托臂	2.5	m
2	锚栓	4	个
3	底座	2	个
4	连接件	4	个
5	封堵头	2	个
6	锁扣	12	个
7	橡胶垫	0.8	m

图 14 - 5　成品支吊架（垂直管架）图 1

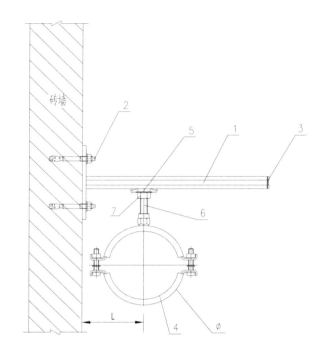

垂直管架2(小口径管路)

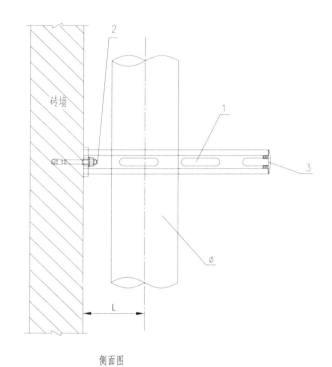

侧面图

材料表

序号	名称	数量	单位
1	托臂	1	个
2	锚栓	2	个
3	槽钢端盖	1	个
4	管束	1	个
5	管束扣垫	1	个
6	全牙螺杆	0.05	m
7	凸缘螺母	1	个

图 14-6 成品支吊架（垂直管架）图 2

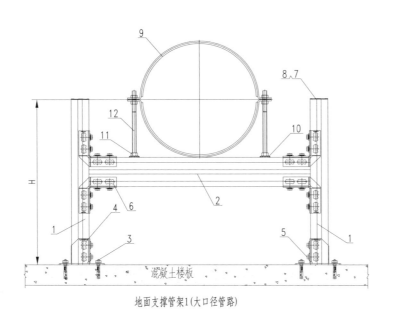

地面支撑管架1(大口径管路)

地面支撑管架2(大口径管路)

材料表

序号	名称	数量	单位
1	槽钢	1.4	m
2	槽钢	0.9	m
3	锚栓	4	个
4	底座	2	个
5	锁扣	20	个
6	连接件	4	个
7	槽钢端盖	1	个
8	槽钢端盖	1	个
9	管束	1	个
10	管束扣垫	2	个
11	凸缘螺母	4	个
12	全牙螺杆	0.56	m

材料表

序号	名称	数量	单位
1	槽钢	0.6	m
2	锚栓	2	个
3	底座	1	个
4	锁扣	2	个
5	槽钢端盖	1	个
6	管束	1	个
7	管束扣垫	1	个
8	全牙螺杆	0.05	m
9	凸缘螺母	1	个

图 14 - 7　成品支吊架（单根管地面支架）图

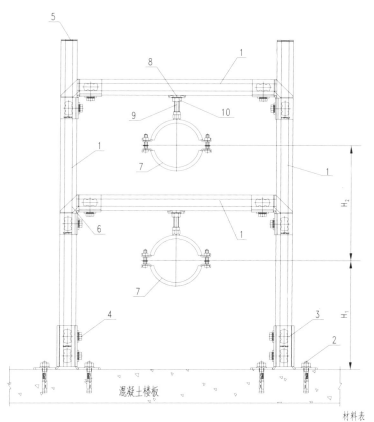

地面支撑管架3

材料表

序号	名称	数量	单位
1	槽钢	3	m
2	锚栓	4	个
3	底座	2	个
4	锁扣	12	个
5	槽钢端盖	2	个
6	连接件	4	个
7	管束	2	个
8	管束扣垫	2	个
9	全牙螺杆	0.1	m
10	凸缘螺母	2	个

地面支撑管架4

材料表

序号	名称	数量	单位
1	槽钢	4.9	m
2	槽钢	1.8	m
3	锚栓	4	个
4	底座	2	个
5	锁扣	36	个
6	连接件	8	个
7	槽钢端盖	2	个
8	槽钢端盖	2	个
9	管束	2	个
10	管束扣垫	4	个
11	凸缘螺母	8	个
12	全牙螺杆	1.12	m

图 14-8 成品支吊架（单根管吊架）图 1

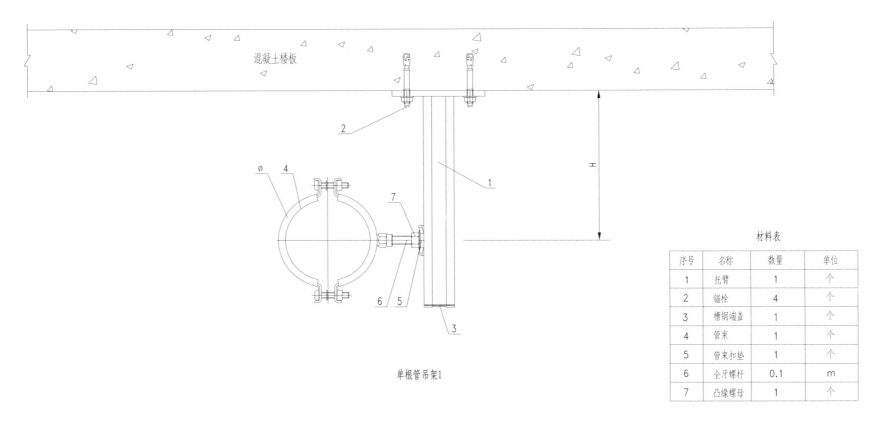

混凝土楼板

单根管吊架1

图 14-9　成品支吊架（单根管吊架）图 2

材料表

序号	名称	数量	单位
1	托臂	1	个
2	锚栓	4	个
3	槽钢端盖	1	个
4	管束	1	个
5	管束扣垫	1	个
6	全牙螺杆	0.1	m
7	凸缘螺母	1	个

材料表

序号	名称	数量	单位
1	托臂	3	个
2	锚栓	6	个
3	槽钢端盖	3	个
4	管束	3	个
5	管束扣垫	3	个
6	全牙螺杆	0.3	m
7	凸缘螺母	2	个
8	管束	1	个
9	管束扣垫	1	个
10	全牙螺杆	0.05	m
11	凸缘螺母	1	个

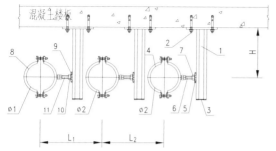

多根管路吊架1

材料表

序号	名称	数量	单位
1	槽钢	4.9	m
2	槽钢	0.8	m
3	锚栓	4	个
4	底座	2	个
5	锁扣	4	个
6	槽钢端盖	2	个
7	连接件	4	个
8	管束	2	个
9	管束扣垫	2	个
10	全牙螺杆	0.1	m
11	凸缘螺母	2	个

多根管路吊架2

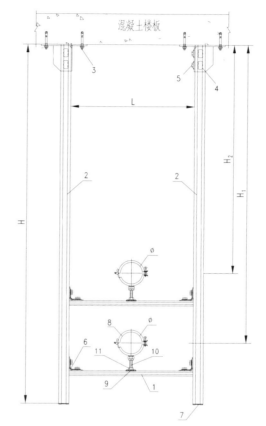

材料表

序号	名称	数量	单位
1	槽钢	1	m
2	槽钢	5	m
3	锚栓	4	个
4	底座	2	个
5	锁扣	4	个
6	连接件	4	个
7	槽钢端盖	2	个
8	管束	2	个
9	管束扣垫	2	个
10	全牙螺杆	0.1	m
11	凸缘螺母	2	个

多根管路吊架3

图 14 - 10　成品支吊架（多根管吊架）图

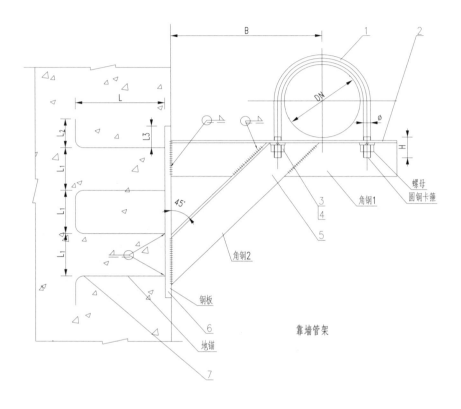

材料表

序号	名称	数量	单位
1	圆钢1	1	根
2	角钢1	1	块
3	垫片	2	个
4	螺母	2	个
5	角钢2	1	根
6	钢板	1	块
7	圆钢2	6	根

靠墙管架

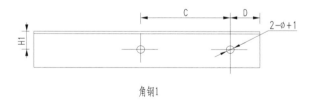

角钢1

图 14-11　型钢管架（靠墙管架）图

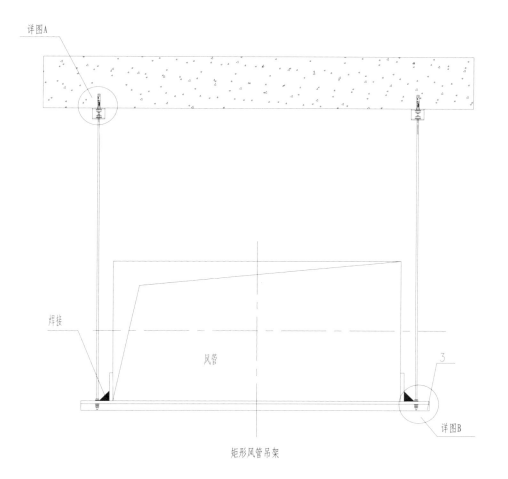

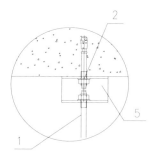

详图A

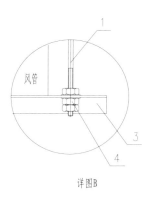

详图B

矩形风管吊架

序号	名称	规格	数量	单位	备注
					材料表
1	全牙螺杆	M10		m	Q235钢或不锈钢
2	不锈钢胀锚螺栓	M10×110	4	个	
3	角钢	L63×4		m	Q235钢或不锈钢
4	螺母	M10	6	个	
5	槽钢	[100×48×5.3		m	Q235钢或不锈钢

图 14-12　风管支吊架图 1

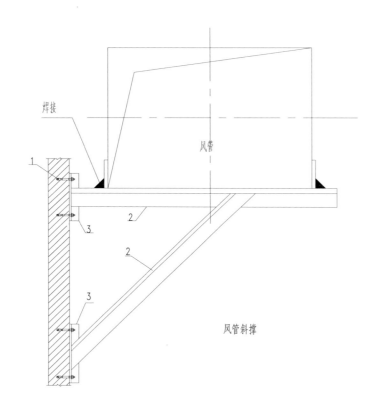

焊接

风管

1

2

3

2

3

风管斜撑

风管支吊架及支撑工艺设计说明：

1. 本图仅表示管架类型,不涉及具体的尺寸,具体的尺寸根据现场的实际布置情况确定.

2. 风管斜撑和吊架适用场合,斜撑用于离楼板较高,上部有其他管路、电缆桥架等,无法安装吊杆的场合,较大风管断面或离墙体距离较远的,优先选用吊装方式.

3. Q235钢的支吊架托架防腐应经除锈后刷防锈漆一遍,调和漆两遍,如有特殊要求,应按照工程设计规定执行,镀锌处理或不锈钢的表面可不处理.

材料表

序号	名称	规格	数量	单位	备注
1	不锈钢胀锚螺栓	M10X110	4	个	
2	角钢	L63X4		m	Q235钢或不锈钢
3	不等边角钢	L100X63X10		m	Q235钢或不锈钢

图 14-13 风管支吊架图 2

第 15 章　盘柜接线工艺设计

15.1　盘柜接地

15.1.1　接地铜排和接地网

二次屏柜内应设置 2 根截面积不小于 $100mm^2$ 的等电位接地铜排。其中一根与屏柜绝缘，称为工作接地铜排，另外一根与屏柜外壳连接在一起，称为保护接地铜排。

在主控室、保护室、发电机层机旁屏柜下层的电缆室电缆桥架（或电缆沟道）内，按屏柜布置的方向敷设 $100mm^2$ 的专用铜排（缆），将该专用铜排（缆）首末端相连，形成工作接地等电位接地网。该等电位接地网与电站的主接地网只能存在唯一连接点，连接点位置宜选择在电缆竖井处。为保证可靠连接，连接线必须使用至少 4 根以上、截面不小于 $50mm^2$ 铜缆（排）构成共点接地。

15.1.2　保护接地

从屏柜附近预留的铜接地插座或预留接地线露头处引出铜排暗敷在装修层内，引至二次屏柜的保护接地铜排。对于成排成列的屏柜应从两处不同点引来。截面积不小于 $100mm^2$。

15.1.3　工作接地

二次屏柜上的工作地应采用截面积不小于 $4mm^2$ 的多股铜线与屏柜内工作接地铜排相连，工作接地铜排应采用截面积不小于 $50mm^2$ 的铜缆与二次屏柜室的工作接地等电位接地网相连，连接方式采用冷压接。盘柜内的铜排预留 $\phi6$ 孔 20 个，均匀分布在盘柜底部铜排上。

工作接地包括电流互感器、电压互感器二次绕组中性点接地和二次电缆屏蔽层的接地。

15.2　电缆就位

（1）电缆穿入盘柜内时，事先应进行预想的合理布置。将所有穿入该盘柜的电缆列出清册，依此画出电缆穿入盘柜的平面排列图，排列时只能是横向、纵向或横纵向排列，在原则上不得出现电缆左右或前后交叉的现象。

（2）动力电缆和控制电缆应分开布置。

（3）直径相近的电缆应尽可能布置在同一横向或纵向列内。

（4）电缆穿入盘柜后应进行第一次绑扎，第一次绑扎一般是在盘柜内进出电缆的开孔附近。电缆在盘柜内接入端子排或电气设备时，应视电缆在盘柜内的长度情况适当进行第二次、第三次……绑扎。绑扎应牢固，在接线后不应使端子排受机械应力。

（5）电缆的绑扎采用专用扎带，绑扎的高度一致、方向一致、颜色一致。

15.3　电缆头和光缆头制作

（1）单层布置的电缆头的制作高度应一致；多层布置的电缆头高度可以一致，或者从里往外逐层降低，但每层降低的高度应一致。同时，尽可能使某一区域或每类设备的电缆头的制作高度统一、制造样式统一。

（2）电缆头制作时缠绕的聚氯乙烯带颜色应统一，缠绕密实、牢固、整齐；热缩管电缆头应采用统一长度热缩管加热收缩而成，电缆的直径应在所用热缩管的热缩范围之内；电缆头制作结束后要求顶部平整、密实。

（3）同轴电缆成端后缆线预留长度应整齐、统一。电缆各层开剥尺寸应与电缆头相应部分相匹配。电缆芯线焊接应端正、牢固，焊剂适量，焊点光滑、不带尖、不成瘤形。电缆剖头处加装热缩套管时，热缩套管长度应统一适中，热缩均匀。同轴电缆插头的组装配件应齐全、位置正确、装配牢固。

（4）光纤与连接器件连接可采用尾纤熔接等方式。光纤与光纤接续可采用熔接和光连接子（机械）连接方式。

（5）光缆芯线终接应采用连接盘连接和保护，在连接盘中光纤的弯曲半径应大于 40mm。光纤熔接处应加以保护和固定。光纤连接盘面板应有标志。各类跳线缆线和连接器件间接触应良好，接线无误，标志齐全。光纤连接损耗值应符合下表要求。

单位：dB

光纤连接损耗值

连接类别	多模		单模	
	平均值	最大值	平均值	最大值
熔接	0.15	0.3	0.15	0.3
机械连接	—	0.3	—	0.3

15.4　电缆接地

15.4.1　铠装接地

（1）铠装电缆在进入盘柜后剥除铠装护套并接地，其引出位置应在电缆头下部的某一统一高度，不宜与电缆的屏蔽层在同一高度位置引出。

（2）铠装接地线应采用黄绿相间的专用接地线（称为铠装接地线，截面为 $2.5mm^2$ 或 $4mm^2$），并接至盘柜的接地标识处或电站的接地网处。

（3）在钢带铠装的接地处剥除统一长度（2～5cm）的电缆外层护套，将铠装接地线与钢带铠装用焊接或绞接的方式连接，同时用聚氯乙烯带进行缠绕钢带铠装的露出部分，最后套热缩管进行热缩成型。

15.4.2　屏蔽层接地

（1）计算机监控系统传送开关量的控制信号电缆屏蔽层，应在现地控制单元侧一点接地。计算机监控系统传送模拟量应采用对绞分屏蔽加总屏蔽电缆，屏蔽层在现地控制单元侧一点接地。计算机监控系统中，测温电阻采用三线制接线时，应采用三绞分屏蔽加总屏蔽电缆，屏蔽层在现地控制单元侧一点接地。用于通信的屏蔽电缆的屏蔽层应在现地控制单元侧一

点接地。集成电路、微机保护的电流、电压和信号的控制电缆屏蔽层，应两端接地。除了上述情况外的控制电缆屏蔽层，当电磁感应的干扰较大时，宜采用两点接地；静电感应的干扰较大时，可采用一点接地；双重屏蔽或复合式总屏蔽，宜对内、外屏蔽分别采用一点、两点接地。两点接地的选择，还宜在暂态电流作用下屏蔽层不被烧熔。

（2）电缆屏蔽层的接地都应连接在二次接地网上。

（3）屏蔽接地线应采用黄绿相间的专用接地线（称为屏蔽接地线，截面为 $4mm^2$）。

（4）在剥除电缆外层护套时，屏蔽层应留有一定的长度，以便与屏蔽接地线进行连接。屏蔽接地线与屏蔽层的连接采用焊接或绞接的方式，但均应确保连接可靠。最后在电缆头制作完成后统一由热缩管加热收缩而成整体，并将屏蔽接地线接至盘柜内等电位接地铜排。

15.4.3　接地线安装

（1）电缆屏蔽接地线和铠装接地线不宜在同一位置引出，但引出的方向应统一（电缆的背面）。

（2）电缆接地线（包括铠装接地线和屏蔽接地线）接至接地排（盘柜内的接地排或等电位接地排）时，采用单根压接或多根压接的方式，多根压接时一般不超过 3 根，并对线鼻子的根部进行热缩处理。

（3）对于螺栓连接的端子，接线不得超过 2 根，当接 2 根导线时，中间应加平垫。

（4）接地线的接线方式应一致，弧度应一致。

15.5　盘柜进出线

盘柜进出电缆线方式应事先确定，盘柜上进线时应加装横向托架，盘柜进出线较多时应加横向托架。

进出盘柜的 1～2 根光缆在光缆连接盘内与尾纤熔接，多余的尾纤盘储在光缆连接盘内。当有 2 根以上光缆进出盘柜时，将多根光缆熔接到盘柜内的光配线架上不同熔纤框的多个熔纤盒内，一般一个熔纤盒可以熔接 12 芯光纤，多余的尾纤盘储在盘纤架上。

15.6 端子排布

（1）端子排应采用整体模压式，端子导体采用铜或合金铜制作。所有模拟量的接线端子、发电机风洞内以及振动区域大的接线端子应采用带弹簧自压紧功能的端子，防止松动。

（2）端子排自上到下的排列顺序为：交流电流（CT）、交流电压（VT）、直流电压、380V 和 220V 交流电源回路。交流和直流端子自上到下分别按 A、B、C、N、L 和正、负顺序排列。端子排组（安装单元）应按上述规定分别成排，顶部标明安装单元。强电和弱电端子应分开布置，端子排之间应有隔板。交流电流端子应采用试验端子。

（3）每个安装单元端子尾部应留有 10%～20% 备用端子。不同的二次回路选用不同颜色的端子。

（4）对高度为 2260mm 的标准盘柜，当端子排的数量小于 100 挡时，最高端子离地面 1700mm。最低端子距离地面不低于 350mm。非标准高度的盘柜可参照执行。

（5）对高度为 2260mm 的标准盘柜，当端子排的数量大于 100 挡时，以距离地面 1300mm 为基准上下均匀布置，但最高端子距离地面不超过 2000mm，最低端子距离地面不低于 350mm。非标准高度的盘柜可参照执行。

（6）端子排最外侧与盘柜侧面距离不小于 50mm，与盘柜后面距离不小于 200mm。

15.7 电缆接线

15.7.1 线槽接线方式

（1）将线槽（垂直方向）合理布置在主要接线端子的两侧，再将电缆合理排列在线槽的正下方。

（2）在电缆头上部将每根电缆进行垂直绑扎后，垂直或略有倾斜折弯后引入线槽内，线槽内缩放的电缆不宜太多，至少应留有 1/3 空间，以利查线和盖回线槽盖。

（3）在芯线接线至端子排接线位置的同一高度将芯线引出线槽，接入端子排。

（4）接线位置不在线槽两侧的芯线，通过调整走向或加装线槽后引至相应的接线位置。

15.7.2 整体绑扎接线方式

（1）在电缆头上部将每根电缆进行一道垂直绑扎后，将同一走向的电缆芯线绑扎成一圆把（主线束）。

（2）在芯线接线位置的同一高度将芯线引出，或将部分芯线整体引出（分线束），在引至接线位置后再分别将芯线单独引出。

（3）线束的绑扎间距应视实际情况确定，一般控制在 5～10cm，间距应统一。在分线束引出位置和线束的拐弯处均应有绑扎措施。

（4）经绑扎后的线束及分线束应横平竖直、走向合理、整齐美观。

15.7.3 电缆芯线接线

（1）每个接线端子的每侧接线宜为 1 根，不得超过两根接线，不同截面芯线不允许接在同一个接线端子上。

（2）盘柜内设备间的配线应直接连接，不允许在中间搭接和"T"接。

（3）电缆芯线接入端子排时应按由下而上的施工方法，当芯线引至接入端子的对应位置时，将芯线从外至内水平地向端子排侧弯成一个弧形状接入端子或者直接接入端子。弯成弧形状接入端子时应保证每条芯线的弧度大小一致。

（4）电缆接线必须固定良好，防止因脱离或拉坏接线端子排而造成事故。

（5）每根导线两端应有标明来自何处的方向套，方向套应是绝缘的，所标字迹应端正清楚，经久不掉（褪）色。

15.7.4 备用芯处理

（1）每根电缆的备用芯要高出端子排最上端位置 250～300mm，以便回路修改增加接线时用。

（2）备用芯的预留应剪成统一长度，每根电缆单独垂直布置，备用芯端头宜采用热缩套管封堵处理，并统一编号。

15.7.5　挂牌

（1）二次电缆标志牌应采用专用的打印机进行打印，二次电缆标志牌中应标明编号、起点、终点和规格。形式为白底黑色。见图 15-1。

图 15-1　二次电缆标志牌

（2）二次电缆标志牌的绑扎宜采用细 PV 铜芯硬线（0.2mm²）等材料。二次电缆标志牌绑扎高度一致，排列整齐，字迹清晰齐全，牢固耐用。

15.8　样板图片

（1）电缆就位绑扎如图 15-2 所示。

图 15-2　电缆就位绑扎图

（2）电缆头制作如图 15-3 所示。

图 15-3　电缆头制作图

（3）接地线接地如图 15-4 所示。

图 15-4（一）　接地线接地图

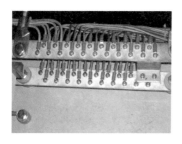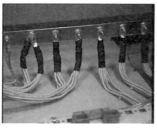

图 15-4（二）　接地线接地图

（4）线槽接线如图 15-5 所示。

图 15-5　线槽接线图

（5）电缆备用芯如图 15-6 所示。

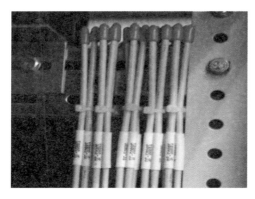

图 15-6　电缆备用芯图

（6）电缆挂牌如图 15-7 所示。

图 15-7　电缆挂牌图